教育部国家级课题《利用中文母语编程》指导用书

创客教育实验教材

中文代码 汉语编程

（第一册）

曾 京 胡月军 沈志斌 著

ZHONGWEN DAIMA
HANYU BIANCHENG

中国人民大学出版社
· 北京 ·

中文代码汉语编程创客教育实验教材

吉林省电化教育馆 指导

序言

2017年7月，国务院印发《新一代人工智能发展规划》，提出“实施全民智能教育项目，在中小学阶段设置人工智能相关课程，逐步推广编程教育”。随后，工业和信息化部、教育部等部委先后出台了一系列文件保障规划有效实施。

纵观以往在我国中小学开展的编程教育，大都采用英语作为编程语言进行教学，这是因为计算机科学技术起源于西方，各类计算机编程语言以英语为主。但这对于母语为汉语、尚未能熟练使用英语的我国青少年来说，语言成为他们学习编程的一个大障碍。如果我们能探索出一条汉语编程教育的道路，就能在很大程度上降低学习编程的门槛，对于促进中小学大规模普及编程教育具有非常重大的意义。

基于这样的思考和认识，2017年10月，吉林省电化教育馆申请了全国教育信息技术研究课题《利用中文母语编程在中小学信息技术基础教育阶段开展普及性编程教育的探索与实践》，并获得中央电教馆立项批准。课题组通过前期调查、对比分析和技术咨询，以“是否具有广泛的信息技术教育价值、是否支持编程教育发展、是否具有独立知识产权”三个标准进行比较遴选，最终确定了在吉林省试点中小学推广由曾京教授研发的“汉语言编程系统”。

汉语言编程系统是完全自行开发、拥有自主版权的一套以汉语为核心、东方思维为基础，面向组件和对象，具有跨系统、跨平台的计算机语言及编译环境，中国人完全拥有源代码和独立知识产权（国家发明专利号：ZL 941 07330.0）。

这套系统具有以下技术特点：运行模式独特，采用核心词库与无限寄存器相结合的方法，实现了汉语言的词素自由组合；编译器与解释器合一，使汉语编程语言既能指令又能编程；独特的虚拟机结构设计，将数据流与意识流分开，达到汉语编程语言与汉语描述完全一致的效果，通用自如；计算机程序的加工流程完全安全可控。

课题组经过一年多的研究，取得了丰硕的研究成果。课题组发现，在中小学采用这套汉语编程语言系统进行编程教育，不仅适应汉语文化背景，体现使用汉字的亲和力，独具民族特性，而且编程效率高，信息安全性强，简单易学，便于普及。目前，基于这套系统的汉语言编程软、硬件教学平台和配套的汉编创客实验用书都已经开发完毕。课题组的主要工作已经从课题研究转入课题成果教育推广阶段。

当前，在中小学大规模开展编程教育已经成为教育信息化领域的一件紧迫而重大的任务。2018年4月，教育部印发《教育信息化2.0行动计划》，将师生信息素养全面提升作为八大行动之一，提出“完善课程方案和课程标准，充实适应信息时代、智能时代发展需要的人工智能和编程课程内容”。在教育部印发的《2019年教育信息化和网络安全工作要点》中，将“推动在中小学阶段设置人工智能相关课程，逐步推广编程教育”列入重点工作。

蓝图已经绘就，形势催人奋进。在全国上下深入贯彻党的十九大精神和全国教育工作会议精神，在全国中小学全面落实教育部有关工作部署之际，作为致力于教育信息化推进工作的一员，我郑重向大家推荐吉林省电化教育馆的这项课题研究成果，郑重向大家推荐汉语言编程系统，并鼓励大家相互学习，借鉴好的经验，大胆实践，不断探索符合国情、区情、校情的中小学编程教育模式和道路，共同书写好新时代教育信息化的奋进篇章！

韩　骏

教育部中央电化教育馆副馆长

前言

国务院印发的《新一代人工智能发展规划》明确指出人工智能成为国际竞争的新焦点。我国应逐步推广全民智能教育项目，在中小学阶段设置人工智能相关课程，推广编程教育，鼓励社会力量参与寓教于乐的编程教学软件、游戏的开发和推广。

教育部中央电化教育馆全国教育信息技术研究国家课题《利用“中文母语编程”在中小学信息教育基础阶段开展普及性编程教育的探索与实践》批准立项(立项号：172230001)，宣告中文代码汉语编程语言正式进入中小学课程。目前江苏省已将中文代码编程普教课题立项进入教育科学十三五发展规划（立项号：D/2018/02/149）。

国务院发展研究中心提出“以汉字为核心，东方思维为基础，建立自己的中文代码信息技术体系”，并在教育发展中进行广泛的传播和普及。由中国电子学会定义的创客教育是创客文化与教育的结合，强调基于学生的兴趣，强调学生使用数字化工具，倡导造物，鼓励分析，培养跨学科解决问题的能力、团结协作的意识和创新能力，并将创客教育定位于一种素质教育。编程、开源硬件、传感器都是比较常见的创客教育工具和形式。

我国目前的创客教育装备核心技术在少儿编程行业的最大痛点是课程生命周期短，或者体现为脱课率高，英文代码编程产品的核心技术和知识产权都被美国控制。现在市场的编程教育只有通过Scratch承载的低龄版编程教育，接下来直接跳转到程序员开发的成人版编程教育，中间没有一个面对青少年的过渡阶段，断层比较严重，不过目前已通过中文代码母语思维编程模式弥补了这一断层。运用中文代码技术开发的国产化产品：中文代码动漫游戏编程、数据库编程、机器人控制编程等，是一套人工智能大数据解决方案的自主知识产权和核心技术体系，与英文代码无缝兼容，可融合进原有的英文代码信息技术生态链并进行升级。

我们的《新一代人工智能中小学汉语编程教育的中国方案》项目，符合国家提出的颠覆性技术创新，属于中华民族文化应用于信息技术的自主知识产权成果。

我们历经二十多年研发掌握的汉语编程技术，其核心是能够将人类自然语言编译成信息处理器可以直接读懂并执行的二进制机器代码。汉语编程技术体系是完全自行开发、拥有自主版权的一套以汉语为核心、东方思维为基础，面向组件和对象，具有跨系统、跨平台的计算机语言及编译环境，中国人完全拥有源代码和独立知识产权。

该成果已在民用、军用、教育等领域里接受了三百余个项目的实际应用考验，实践证明，安全可靠。经多方测试其速度和便捷性可与目前世界任何流行的编程语言媲美。

当前，在我国基础教育阶段，在没有母语支持的情况下，无法开展普及性的编程教育。编程教育只能是发达地区、条件好的学校和学生在很大投入的情况下才能开展。教学手段也多为图形化编程或开源的单片机编程和更高端的机器人编程。我们对孩子的培养更多的是兴趣，而不只是编程素质和编程能力。

从网络安全角度看，中文代码安全等级提高到指令集（汉编与汉化区别是，前者为中文代码，可直接编译运行于单片机（无操作系统裸芯片）），堵住了国外代码在电子信息技术体系中的“漏洞”或“后门”。

从知识产权角度看，中文代码的普及将打破全球每年价值18万亿美元的电子信息及服务市场由“美国代码”垄断的格局，为我国相关行业从业人员提供更多、更好的创业和就业机会。

《人民日报》刊发的《教育创新时不我待》指出，新时代的中国教育工作者，还应拓展国际视野，将教育自信作为文化自信的重要方面，在全球教育的前沿领域加快创新步伐，提出中国方案，贡献中国智慧。

中国文化与现代科技最好、最关键的结合点之一就是中文代码的实现。我们希望让每一个中国孩子都学会自己的母语编程，为我们的子孙后代创造更多的智慧和财富。

目录 CONTENT

引言

国人骄傲：中文代码创客教育

中文代码编程软件填补了中国电子信息技术生态链的空白，特别是填补了中国（8～18岁）青少儿编程教育的空白，具备完整的中文代码创客教育理论体系和中文代码创客教育生态链。中文代码信息技术体系将为提升中国文化自信、保护网络安全，实现编程教育自主知识产权而不懈努力。

核心技术

中文代码是指令代码的中文标识，是一项全新的指令代码编译技术（国家发明专利号:Zl 2011 1 0338428.3），覆盖了编程语言数据库操作系统以及芯片等领域。中文代码编译技术相对传统计算机编译技术是一次革命。

汉语编程与汉化编程的区别

汉语编程是指中文源代码可直接编译运行于单片机（无操作系统的裸芯片），是一种编译技术的颠覆性发明。汉化编程是借鉴VB或者VC的架构做了一次中间转换，把英文的关键字换成了汉字，从专业角度来说，这只是一种汉化的开发环境。

国家权威证明

2013年国家“核高基”重点项目（工信部30所合作）——汉编安全

通用数据库研发及产业化通过技术立项；

2016年通过国家电子信息产业发展基金重点项目鉴定；

2017年科技部科技型中小企业技术创新基金“手机中文交互式动漫开发环境项目12C26213603779”通过鉴定；

2017年国家自然基金重点项目“手机中文交互式动漫开发环境”通过鉴定；

2017年北京市海淀区文化创意产业专项资金“动漫游戏中文移动开发平台”项目（编号: W2012028B）通过鉴定；

2017年教育部中央电化教育馆国家课题《利用“中文母语编程”在中小学信息教育基础阶段开展普及性编程教育的探索与实践（立项号: 172230001）》立项；

2018年江苏省教育科学“十三五”发展规划《借助儿童中文编程解决问题的项目活动开发研究（立项号：D/2018/02/149）》普教课题立项。

核心价值

面向2.5亿青少儿，规划百万岗位，建设万亿蓝海市场。填补了中文代码创客教育理论体系空白。

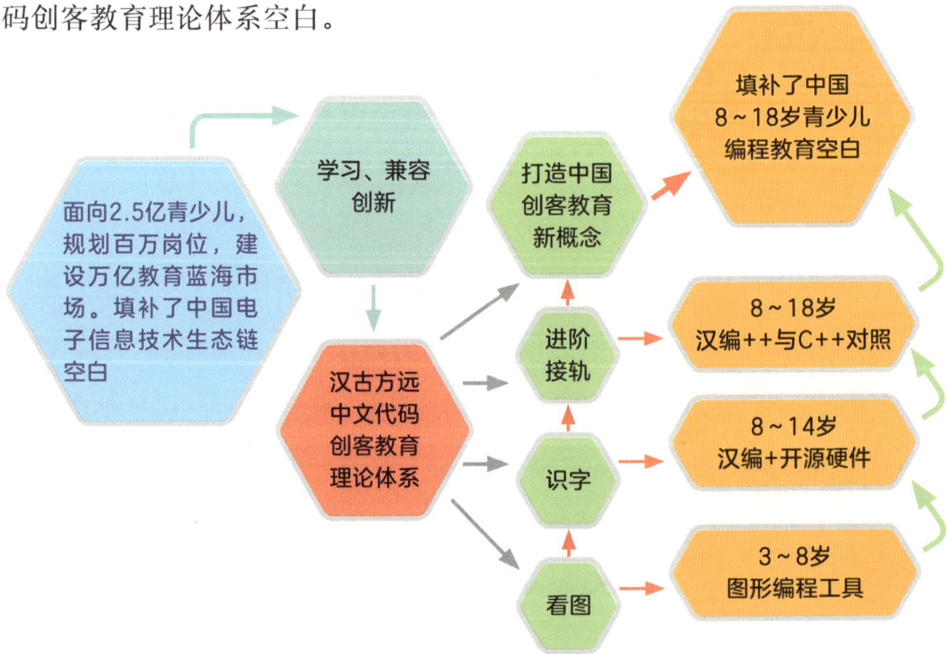

中文代码创客教育解决方案

1. 中国青少儿编程教育严重断层的解决方案和青少儿编程核心技术教育的最大痛点

中国的青少儿如果想真正掌握英文代码编程的理论知识，就必须熟练掌握英文，只有这样才能学习真正意义上的编程。我们目前英文代码编程产品的核心技术和知识产权都被美国控制。现在市场的编程教育只是通过 Scratch 承载的低龄版图形编程教育，接下来直接跳转到程序员开发的成人版编程教育，中间没有一个面对青少儿的过渡阶段，断层比较严重。我们通过“中文代码母语思维编程”弥补了我国青少儿这一严重断层。

2. 中文代码智能教育装备解决方案

中文代码教育技术体系填补了中国智能教育装备生态链的空白。是中国具有自主知识产权及核心技术的产品（中文代码动漫游戏编程软件开发平台、中文代码数据库编程软件开发平台、中文代码机器人控制编程软件开发平台）。

中文代码发展目标

近期《中共中央国务院关于深化教育教学改革全面提高义务教育质量的意见》指出，义务教育学校不得引进境外课程、使用境外教材。当前，在中小学大规模开展中文代码编程教育已经成为教育信息化领域的一件紧迫而重大的任务。随着中国信息技术基础教育的发展，中文代码编程教育有望进入以下领域：

（1）面向全国中小学校、科技馆，K12阶段，STEM教育中编程教育、机器人教育。

（2）面向1.26万所中等职业教育学校、普通高等学校；0.27万所成人高等学校的信息技术实验室、创新创业实训室教育。

（3）各类园区、孵化器、创新创业平台、创客空间等孵化编程教育类相关产品，形成中文代码智能教育装备产业。

第一单元　汉语编程初体验

同学们都知道，计算机具有许多神奇的功能，如：计算、文字处理、图像处理、播放音乐、播放影碟、上网、收发电子邮件、运行游戏，等等。那么，计算机是怎样具有这些神奇的功能？人们又是如何让计算机按照自己的意志来行事的呢？其中的“秘密”就在于使用了“程序”来控制。

程序是一组说明和语句，平常我们所说的软件即是一个个程序。

编写程序需要使用程序设计语言。多年来，计算机程序设计语言都是用英文来表达的，如VB、C、Basic等。如果英语基础不是很好，编写程序会比较困难。现在，聪明的中国人发明了汉语程序设计语言。

汉语程序设计语言，是指我国自行开发，自主版权的以汉语为描述语言的计算机程序设计语言，也称为汉语编程。

在本单元中，我们通过玩汉语编的小游戏、在“记事本”中打开汉语编的程序以及在汉语编程的编译器中装载程序的方式来体验汉语编程。你会发现，原来编程这么简单易学。

第1课 小试牛刀

玩一玩汉语编程小游戏，带你进入精彩的汉语编程世界。

1. 初识中文代码创客教育开发平台
2. 运行汉语编程小游戏
3. 经过游戏训练提高读者的观察能力，养成遵守交通规则的好习惯
4. 通过游戏认识什么是汉语编程

1 运行中文代码创客教育开发平台

创客教育是创客文化与教育的结合，强调基于学生的兴趣，强调学生使用数字化工具，倡导造物，鼓励分析，培养跨学科解决问题的能力、团结协作的意识和创新能力，并将创客教育定位为一种素质教育。

编程、开源硬件、传感器都是比较常见的创客教育工具和形式。

在老师的指导下，将中文代码创客教育开发平台压缩文件解压到D盘，然后打开D盘下的“中文代码创客教育开发平台”文件夹，双击“中文代码创客教育开发平台.exe” 文件，打开中文代码创客教育开发平台，如图1.1所示。

图1.1　中文代码创客教育开发平台

单击“开发环境”（第1个）按钮，打开如图1.2所示窗口。

图1.2　开发环境

2 运行汉语编程小游戏

第1步：

打开“中文代码创客教育开发平台\多媒体教学\汉编动漫电子教材1”。

第2步：

打开“快乐体验”，如图1.3所示。

图1.3　打开“快乐体验”

第3步：

打开“熊熊做交警”游戏，如图1.4所示。

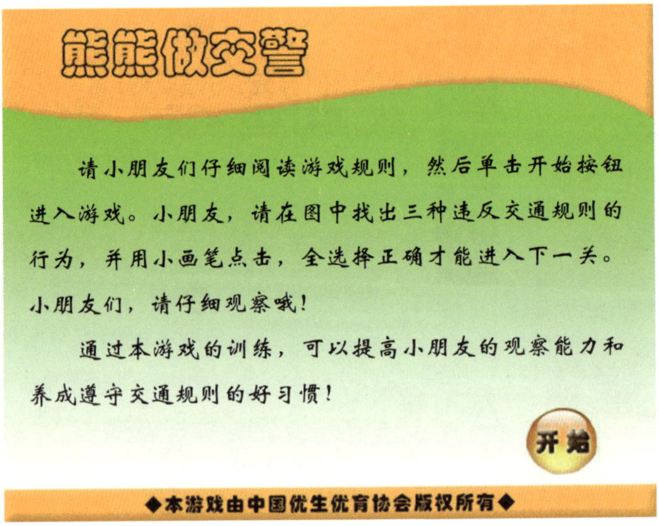

图1.4　打开“熊熊做交警”游戏

第4步：

单击“开始”按钮，进入游戏界面，如图1.5所示。

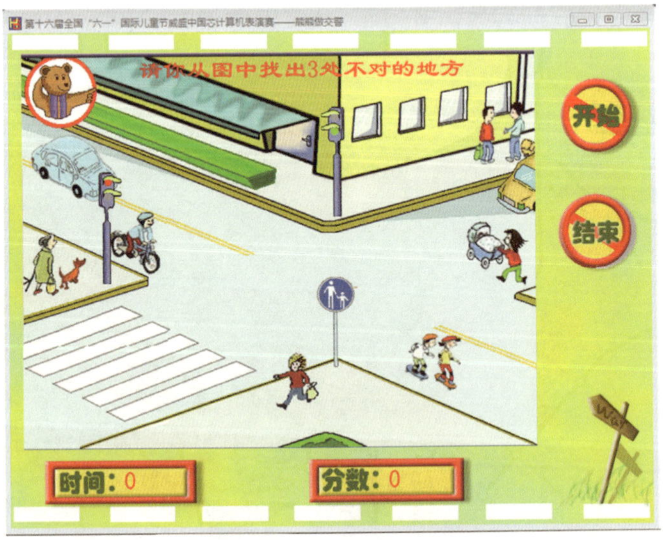

图1.5　进入游戏界面

第5步：

单击“开始”按钮，开始玩游戏，画面下方提示所用“时间”和“分数”，如图1.6所示。

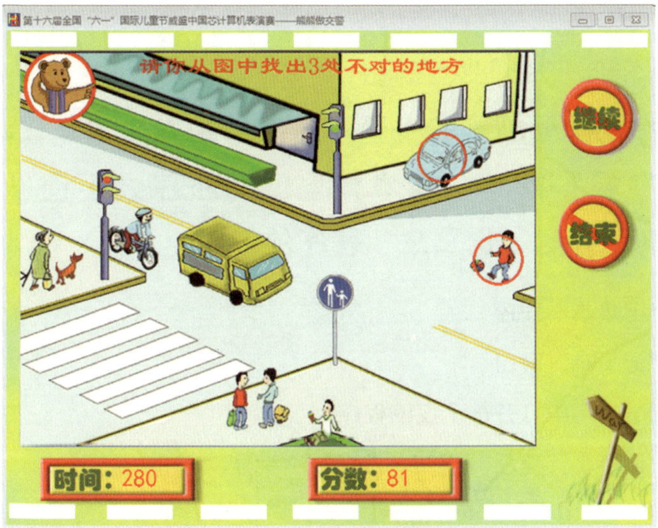

图1.6 游戏进行中

第6步：

单击“结束”按钮，即可退出游戏。

1. 玩玩中文代码创客教育开发平台的“熊熊的花园”小游戏。
2. 玩玩中文代码创客教育开发平台的“打飞机速算”小游戏。
3. 玩玩中文代码创客教育开发平台的“砌墙高手”小游戏。

第2课 芝麻开门

程序的编辑就是写文章，最简单的方法就是在Windows的“写字板”或“记事本”里编写程序。下面以“记事本”为例，介绍“记事本”程序的使用。

1. 启动“记事本”程序
2. 认识“记事本”窗口
3. 在“记事本”中打开一个汉编程序
4. 退出“记事本”程序

1 启动“记事本”程序

第1步：

打开“多媒体教学\汉编教程1\第四课”，如图2.1所示。

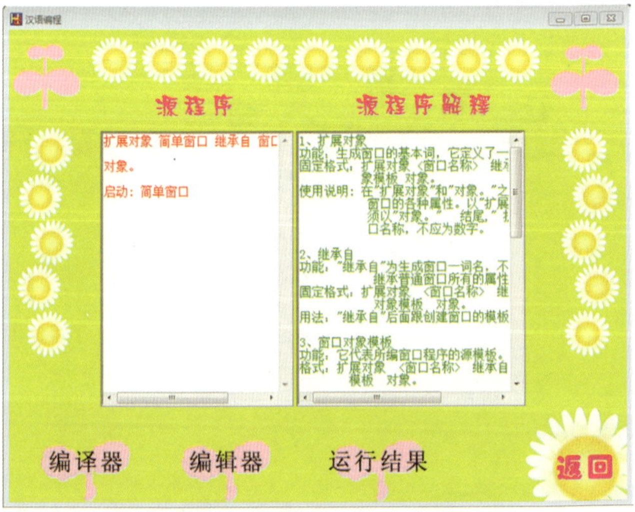

图2.1　打开“编辑器”

第2步：

单击“编辑器”。

第3步：

弹出“记事本”窗口，如图2.2所示。

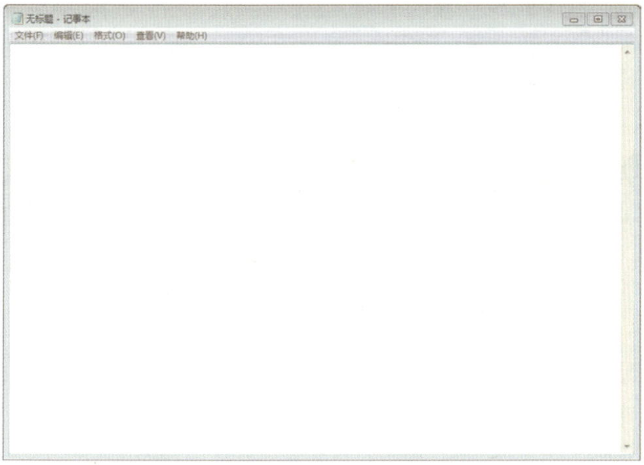

图2.2　打开的“记事本”窗口

知识点

汉语“窗口”一词为英文单词Windows的直译。窗口是计算机显示器屏幕上的一个矩形区域，用于显示输入、输出的信息。

2　认识“记事本”窗口

（1）标题栏。

标题栏通常显示该应用程序的名称（如记事本）和正在处理的文件的文件名。

（2）菜单栏。

菜单栏里的“文件”“编辑”等称为菜单名。单击某个菜单名就可以打开这个菜单，里面有许多可供选择的命令。

把鼠标指针移到标题栏上，按住左键拖动，可以移动窗口的位置。

鼠标的指向： 移动鼠标，使鼠标的指针对准指定位置。

鼠标的单击： 快速按下鼠标左键，并迅速放开。

鼠标的双击： 连续快速地按两次鼠标左键。

鼠标的拖动： 按下鼠标左键，移动鼠标指针到另一位置，再放开。

3 在“记事本”中打开用汉语编写的程序

第1步：

单击“文件”菜单中的“打开”命令，弹出“打开”对话框，如图2.3所示。

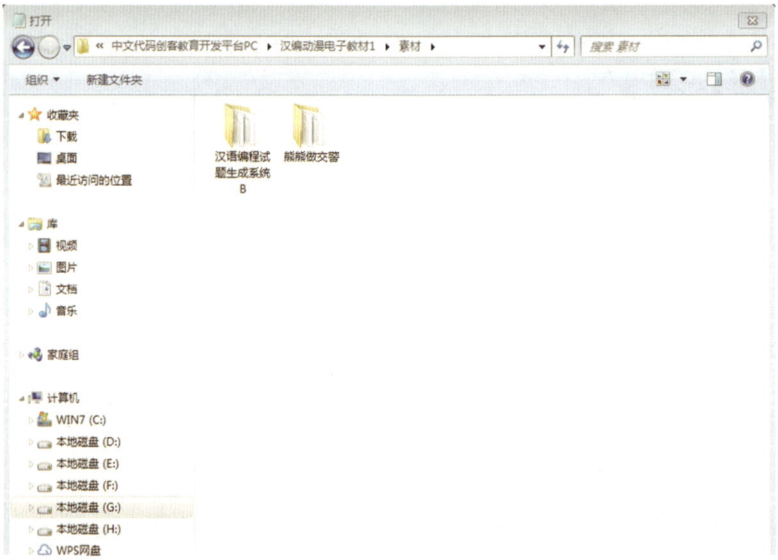

图2.3 “打开” 对话框

第2步：

点击“计算机”，在相应存储盘中找到“中文代码创客教育开发平台\多媒体教学\汉编动漫电子教材1\素材”。

第3步：

在文本文档（*.txt）下拉列表中选择文件类型为“所有文件”，如图2.4所示。

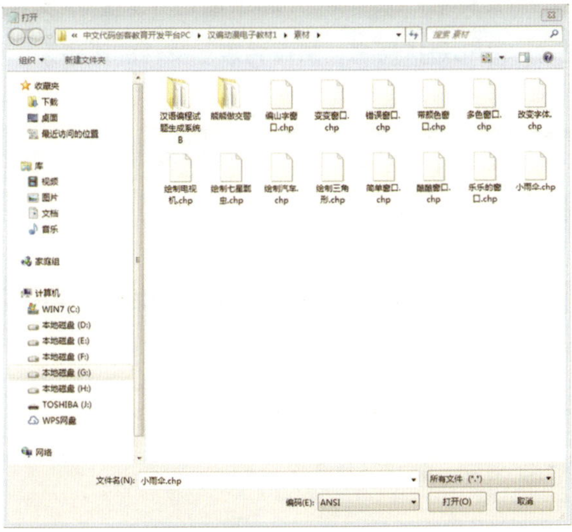

图2.4　选择“文件类型”

第4步：

单击对话框中的“简单窗口.chp”文件，如图2.5所示。

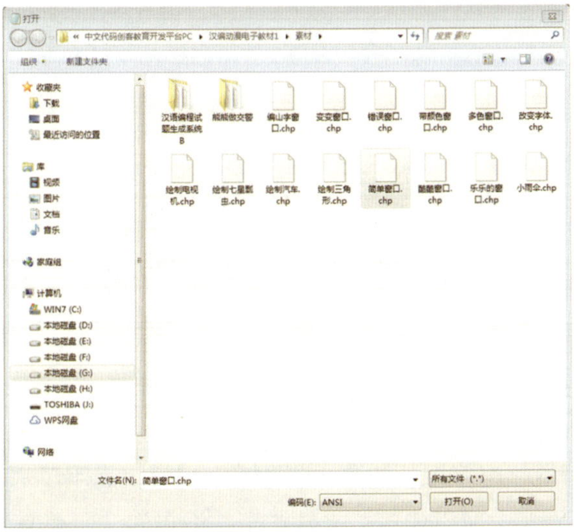

图2.5　选择“简单窗口.chp”文件

注意：

文件名是由基本文件名和扩展名组成的，例如“简单窗口.chp”是一个文件名，其中的“简单窗口”是基本文件名（简称文件名），chp是扩展名，扩展名表示文件的类型。

第5步：

单击“打开”按钮后，在“记事本”窗口中出现3句用汉语编的简单窗口的小程序，如图2.6所示。

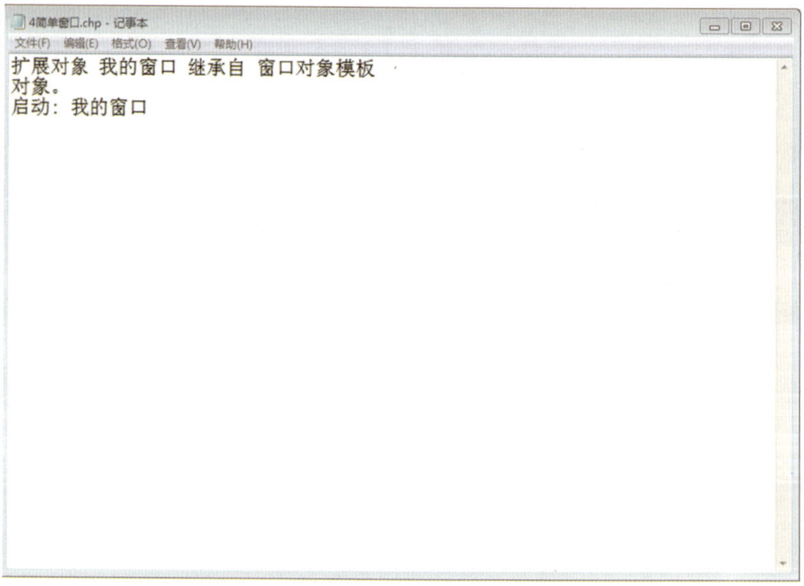

图2.6 打开的“简单窗口”的程序

知识点

“记事本”程序默认的文件扩展名为.txt，而用汉语编的程序其扩展名为.chp，所以应将“文件类型”设置为“所有文件”。

4 退出“记事本”程序

方法一

第1步：

单击“文件”菜单。

第2步：

单击“退出”命令。

方法二

单击标题栏中的 × 按钮。

方法三

先按住键盘上的 Alt 键不放，再按下 F4 键。

1．打开“文件”菜单，观察该菜单中有哪些命令。

2．试着用不同的操作方法来退出“记事本”程序。

3．打开“中文代码创客教育开发平台\多媒体教学\汉编动漫电子教材1\素材”文件夹中的“我能变.chp”程序，读读程序中的文字。

4．打开“中文代码创客教育开发平台\多媒体教学\汉编动漫电子教材1\素材”文件夹中的“小雨伞.chp”程序，读读程序中的文字。

第3课 汉语编程的魅力

在“记事本”或“写字板”程序中编写汉语程序，再通过一种能解释所编程序的汉语编程的“编译器”来编译，程序就可以运行了。

1. 启动汉语编程的编译器
2. 使用汉语编程的编译器来装载程序
3. 退出汉语编程的编译器

1 启动汉语编程的编译器

双击汉语编程的编译器图标，打开编译器窗口，如图3.1所示。

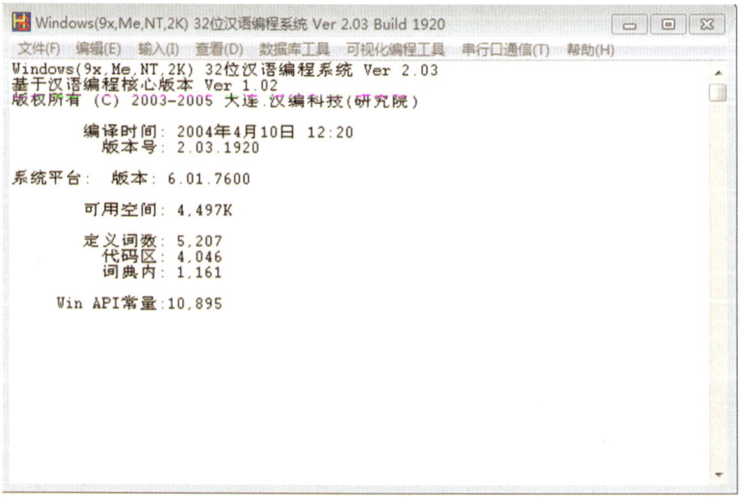

图3.1 汉语编程的编译器窗口

2 使用汉语编程的编译器来运行程序

在汉语编程的编译器中运行程序有以下两种方法。

方法一

第1步：

单击“文件”菜单中的“装载程序”命令，如图3.2所示。

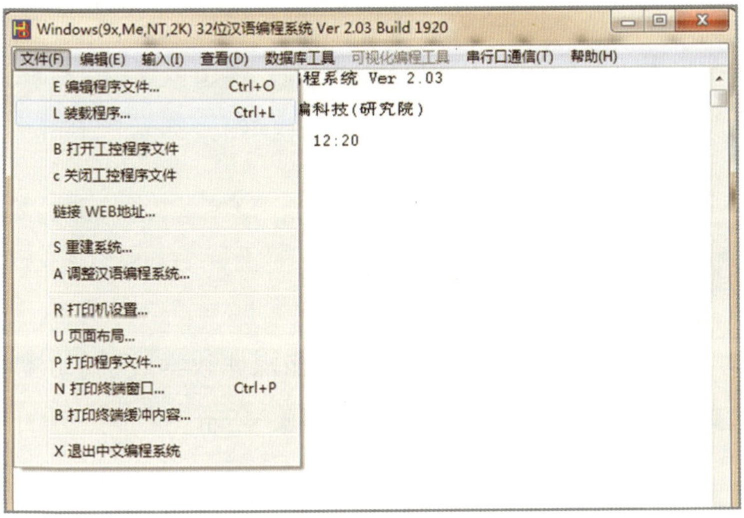

图3.2　选择“装载程序”命令

第2步：

在弹出的“装载汉语程序”对话框中，选择需要装载的程序，如“中文代码创客教育开发平台\多媒体教学\汉编动漫电子教材1\素材”文件夹中的“小雨伞.chp”，如图3.3所示。

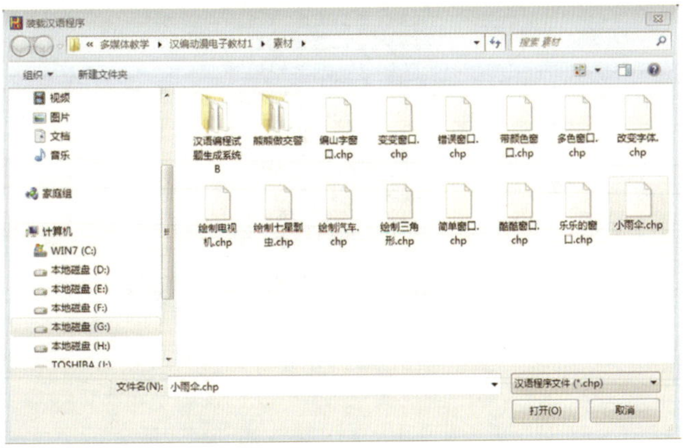

图3.3　选择“小雨伞.chp”文件

第3步：

单击“打开”按钮后，如果装载的程序没有错误，就可以看到运行结果，如图3.4所示。

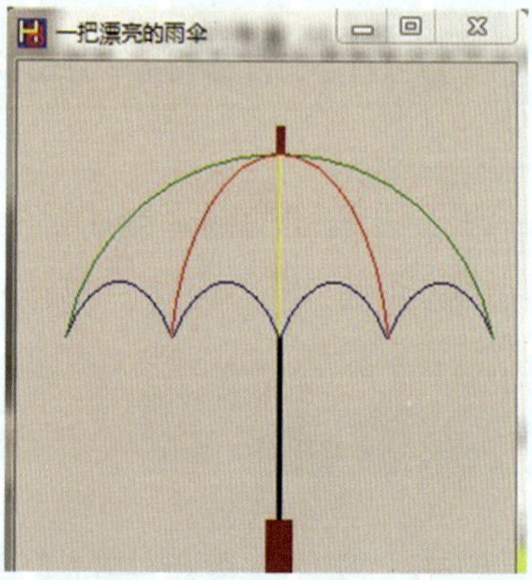

图3.4　程序运行的结果

这是一个用汉语编的漂亮的小雨伞图形。单击该窗口“标题栏”中的 ☒ 按钮，可以关闭该窗口。

方法二

第1步：

双击“中文代码创客教育开发平台\多媒体教学\汉编动漫电子教材1\素材”文件夹中的“小雨伞.chp”，如图3.5所示。

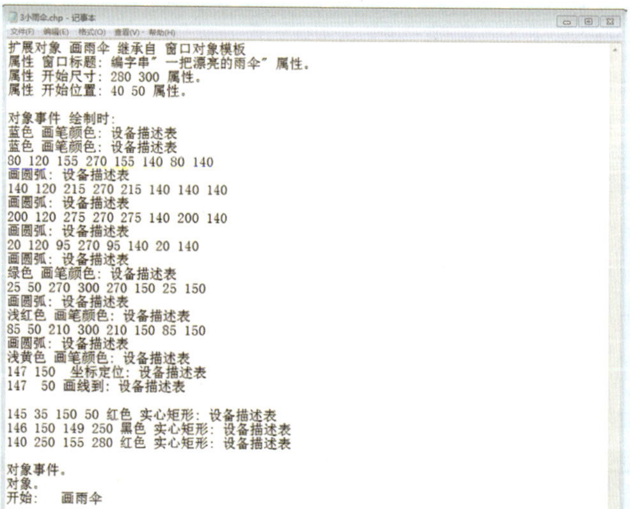

```
扩展对象 画雨伞 继承自 窗口对象模板
属性 窗口标题: 编字串” 一把漂亮的雨伞” 属性。
属性 开始尺寸: 280 300 属性。
属性 开始位置: 40 50 属性。

对象事件 绘制时:
蓝色 画笔颜色: 设备描述表
蓝色 画笔颜色: 设备描述表
80 120 155 270 155 140 80 140
画圆弧: 设备描述表
140 120 215 270 215 140 140 140
画圆弧: 设备描述表
200 120 275 270 275 140 200 140
画圆弧: 设备描述表
20 120 95 270 95 140 20 140
画圆弧: 设备描述表
绿色 画笔颜色: 设备描述表
25 50 270 300 270 150 25 150
画圆弧: 设备描述表
浅红色 画笔颜色: 设备描述表
85 50 210 300 210 150 85 150
画圆弧: 设备描述表
浅黄色 画笔颜色: 设备描述表
147 150  坐标定位: 设备描述表
147  50 画线到: 设备描述表

145 35 150 50 红色 实心矩形: 设备描述表
146 150 149 250 黑色 实心矩形: 设备描述表
140 250 155 280 红色 实心矩形: 设备描述表

对象事件。
对象。
开始:   画雨伞
```

图3.5　打开的“小雨伞.chp”文件窗口

第2步：

单击“编辑”菜单中的“全选”命令，如图3.6所示。

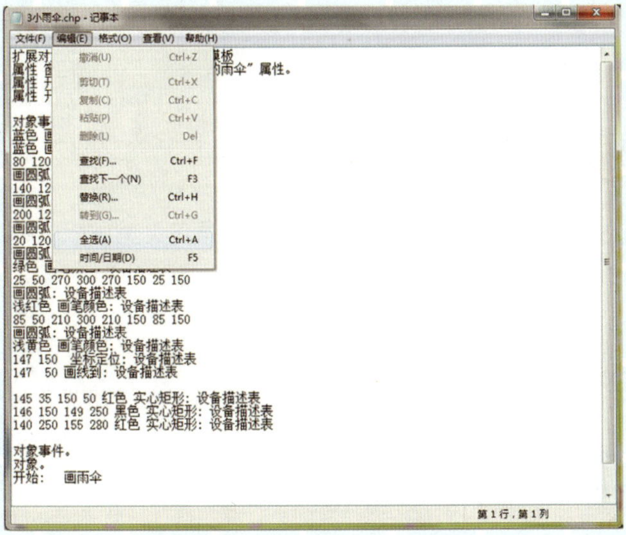

图3.6　选择“全选”命令

文字被选中后呈反色显示，如图3.7所示。

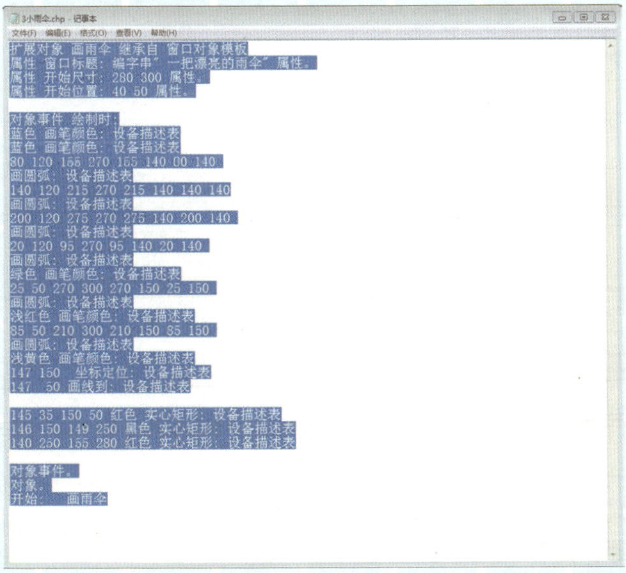

图3.7　文字被选中状态

第3步：

单击“编辑”菜单中的“复制”命令，所选文字将被复制到“剪贴板”中。

注意：

“剪贴板”是用来暂时保存信息的地方。复制到剪贴板中的信息，可以用“粘贴”功能放到其他文件中。

第4步：

单击“编辑”菜单中的“粘贴到键盘”命令，如图3.8所示。

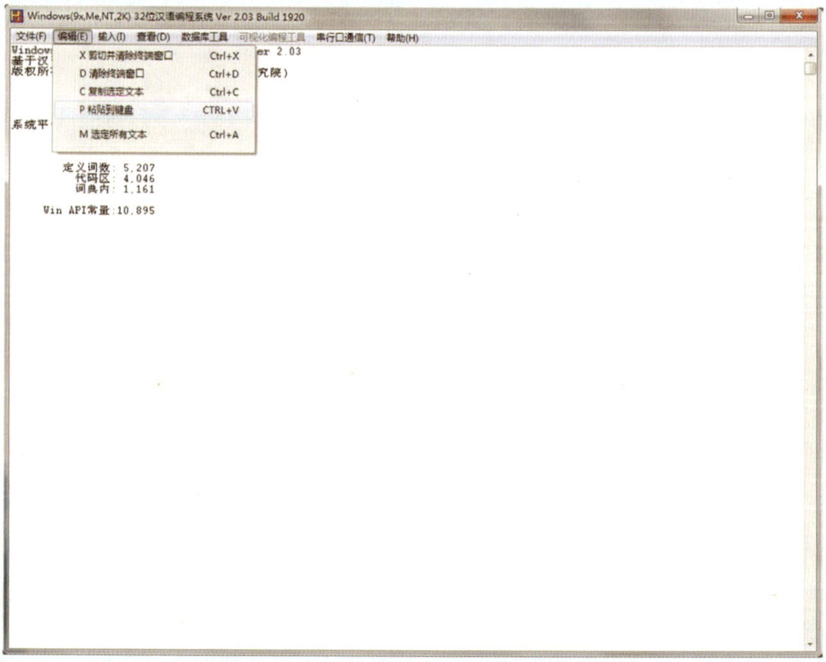

图3.8　选择“粘贴到键盘”命令

当执行“粘贴到键盘”命令后，复制的文字出现在汉语编程的编译解释器中，如图3.9所示。

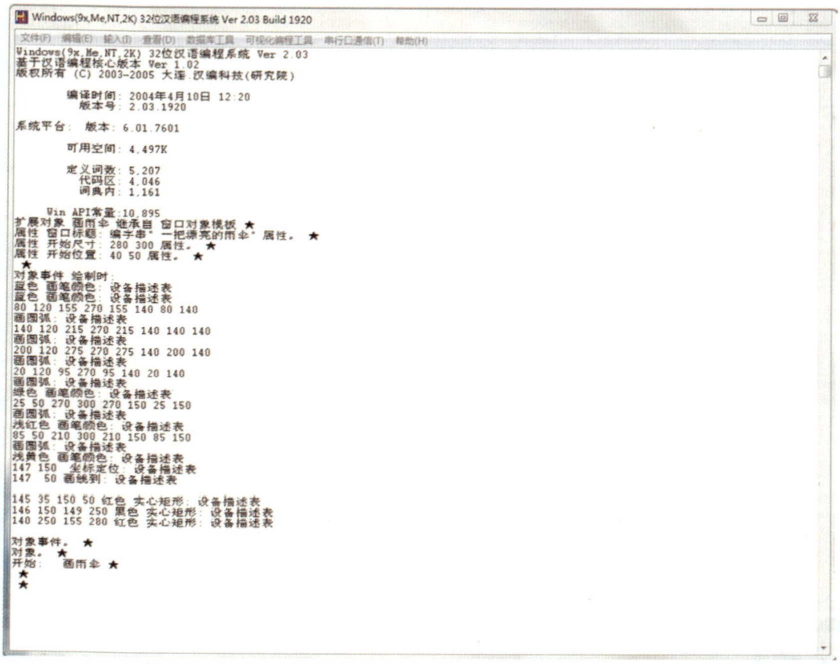

图3.9 编译器窗口

第5步：

按一下键盘上的“回车键” 

，程序运行的结果如图3.4所示。

3 退出汉语编程的编译器

装载程序后，汉语编程编译器窗口中会显示程序文件所在的位置，如图3.10所示。

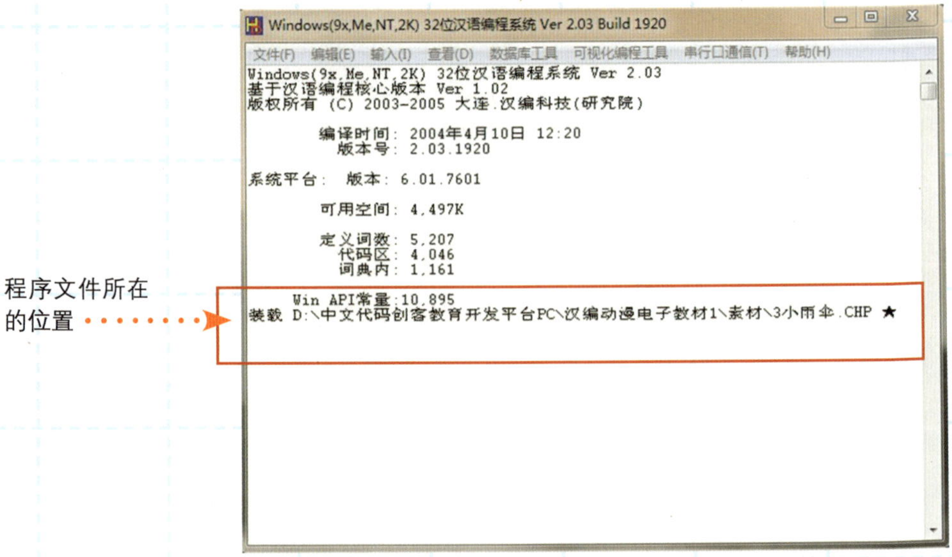

图3.10　装载程序后的汉语编程的编译器

选择“标题栏”中的 ☒ 按钮，退出汉语编程的编译器。

让我们开始动动手吧

1．在汉语编程的编译器中装载“中文代码创客教育开发平台”文件夹中的“吃豆子.chp”程序，观看运行的结果。

2．用相同方法，在编译器中运行“中文代码创客教育开发平台”文件夹中的“迈克狼.chp”程序，观看运行的结果。

第二单元　新奇窗口

学习汉语编程首先要学会编写各种窗口程序。

键盘是计算机最重要的输入设备之一，绝大多数的文字输入工作都是通过键盘进行的。通过键盘输入中文，就必须将输入方式切换到汉字输入状态。

本单元中，我们将用汉语编写简单的常规窗口、可以缩放的窗口、有颜色的窗口以及可以定义窗口标题的新奇窗口。

第4课 简单的窗口

汉语编程的窗口程序具有相对固定的结构形式。在汉语编程中用3行语句就可以编写一个最简单的常规窗口程序。

1. 在“记事本”中编写最简单的常规窗口程序
2. 保存程序

1 编写最简单的常规窗口程序

```
扩展对象 我的窗口 继承自 窗口对象模板 对象。
启动：我的窗口
```

图4.1　简单的常规窗口

编译后的程序运行结果如图4.1所示。

注意：

在汉语编程中，若没有定义窗口标题，则默认窗口标题为“汉语编程”，可以通过定义窗口标题的属性来改变窗口的标题，具体方法将在后续课程中介绍。

第1步：

启动“记事本”程序。

第2步：

单击“任务栏”右下角的En，弹出“输入法”菜单，选“全拼输入法”，当输入法状态从En变成拼后，输入汉字“扩展对象”。“扩展对象”表示为生成一个窗口对象，这是我们给计算机下的一条命令。

第3步：

按一下键盘上的“空格键”，继续输入给窗口对象取的名称，如“我的窗口”。这个名称可以任意取，一般要和程序的内容有关。

知识点

用汉语编写的程序都是由一些词或词组构成的语句，每个词或词组之间一定要有空格，因为汉语编程是以空格作为分界符。

第4步：

按一下键盘上的“空格键”，继续输入“继承自”。“继承自”是指生成的窗口对象的属性来源，一般情况下，编写窗口都继承“窗口对象模板”的属性。

第5步：

按一下键盘上的“空格键”，继续输入“窗口对象模板”。“窗口对象模板”是指为生成窗口对象而设计的式样。

完成第一行语句输入后的“记事本”窗口如图4.2所示。

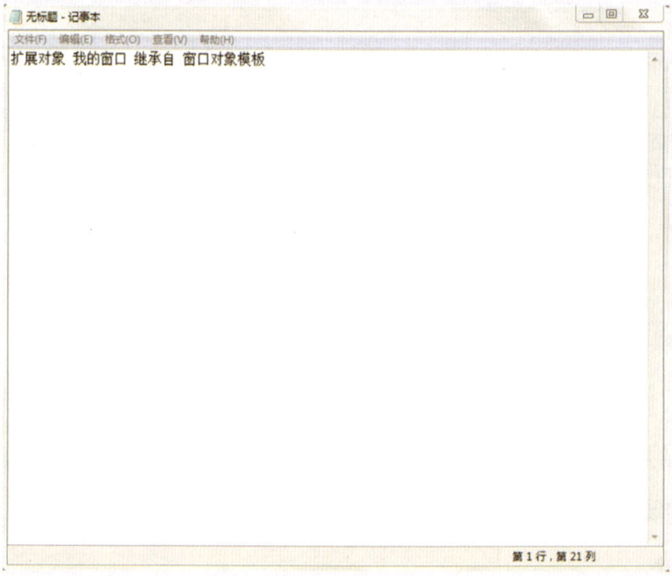

图4.2 输入第一行语句

第6步：

按一下键盘上的“回车键”

换行。

第7步：

输入“对象”，然后继续输入“。”，完成第二条语句的输入。

“对象。”表示结束一个常用对象的建立。

知识点

汉语编程的窗口设计以“扩展对象”开始，以“对象。”结束。“对象。”是完整的系统词，它们之间没有空格。其中的“。”不是标点符号，而是汉语编程词单元的一部分，为全角句号。

第8步：

按一下键盘上的“回车键” Enter 换行。

输入“启动”（或输入“开始”）。先按住键盘上的 Ctrl 键不放，再按“空格键”，将汉字输入法切换成英文输入法。

注意：

“启动”和“开始”都是运行程序的关键词，如果在“对象。”后没有“启动”（或“开始”），则程序不会运行。

第9步：

先按住键盘上的“上档键” Shift 不放，再按一下键盘上的“双字符键” :; ，输入的字符就是“：”。程序中的标点符号一定要在英文输入状态下输入。

第10步：

按一下键盘上的“空格键”，继续输入窗口名称“我的窗口”，完成第三条语句的输入。这里的窗口名称必须与扩展对象后面的窗口名称一致。

2 保存程序文件

第1步：

因为程序是第一次保存，所以执行“文件”菜单中的“保存”命令，如图4.3所示。

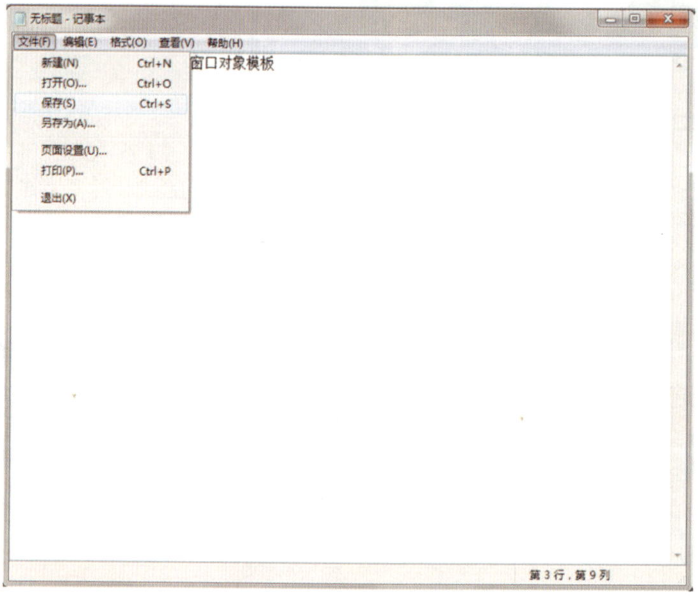

图4.3　选择“保存”命令

第2步：

在弹出的“另存为”对话框中，选择保存文件的文件夹，如D盘中的“3tp”文件夹，然后在“文件名”右侧的文本框中输入程序文件的名称，如“简单的窗口.chp”，如图4.4所示。

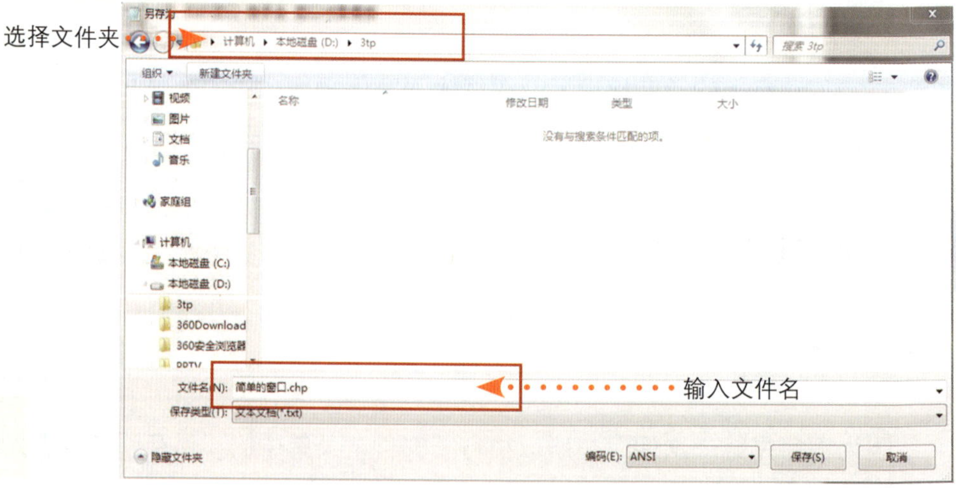

图4.4　“另存为”对话框

第3步：

单击“保存”按钮，完成程序文件的保存。

注意：

1. 不能把程序保存到桌面或“我的文档”中，否则程序装载时会出错。

2. 文件名以及文件夹名不能包含空格。

让我们开始动动手吧

1. 打开“中文代码创客教育开发平台\多媒体教学\汉编动漫电子教材1\素材”中的“变变窗口.chp”程序文件，然后与“简单的窗口.chp”文件进行对比，看看有哪些不同。

2. 启动汉语编程的编译器，然后将“变变窗口.chp”程序装载并运行。

第5课 操作编译器

在汉语编程的编译器中编写程序，使编译器直接接收我们的指令。当在编译器中编写了正确的程序代码后，按“回车键”就可以得到运行结果。

1. 在编译器中编译简单的窗口
2. 修改在编译器中编写的程序
3. 与计算机对话

1 在编译器中编译简单的窗口

第1步：

打开编译器窗口，直接在里面输入“扩展对象　窗口　继承自　窗口对象模板”。输入完一行正确的程序代码后按“回车键”换行，编译器就会自动在程序的后面显示汉语编程编译器的提示符“★”。

第2步：

输入“对象。”后按“回车键”换行。

第3步：

输入“启动：窗口”，输入完程序后的窗口如图5.1所示。

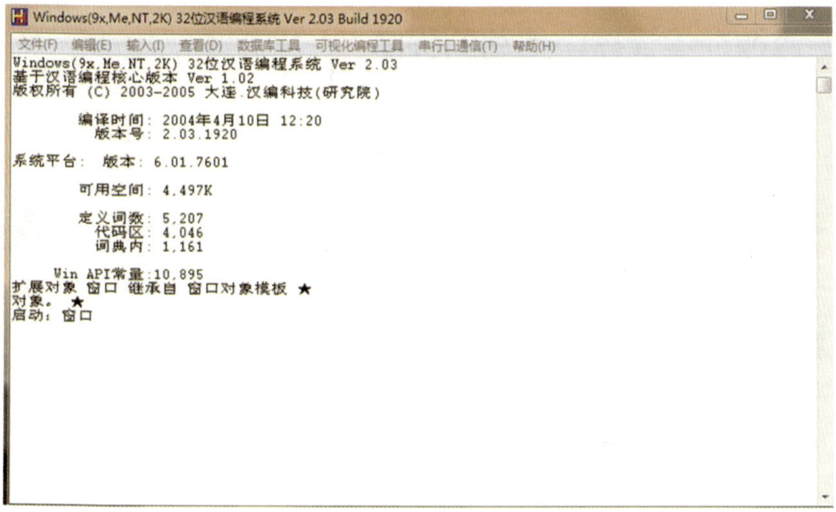

图5.1 在编译器窗口中输入完整程序代码

第4步：

输入全部程序后按“回车键”，显示运行结果，如图5.2所示。

图5.2 运行结果

2 修改在编译器中编写的程序

注意：

由于我们在编译器中输入的是与计算机直接进行对话的程序代码，因此，当输入程序代码并按“回车键”确定后，所输入的内容就不能再做修改。如果要修改，只能将程序代码复制到“记事本”中进行修改。

第1步：

按下鼠标左键并拖动，使得编译器窗口中输入的3行代码被选中，如图5.3所示。

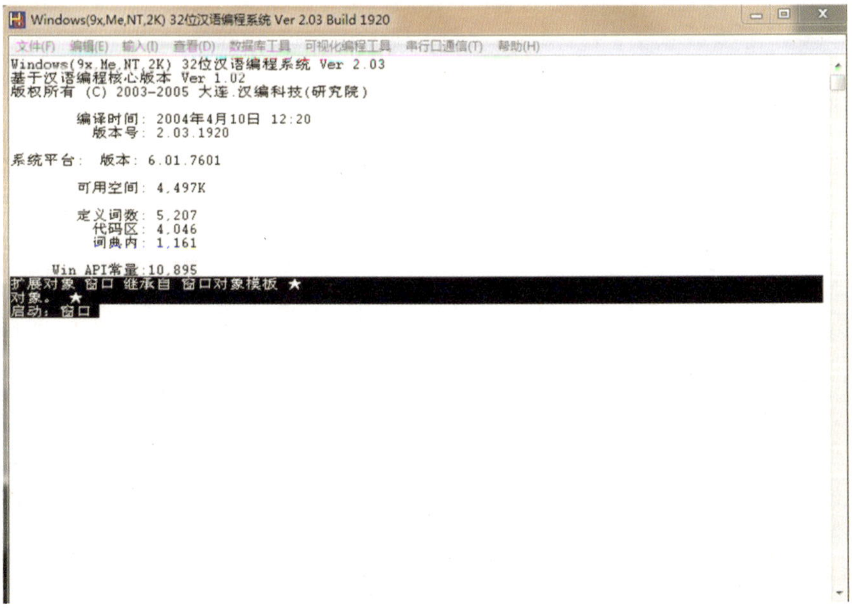

图5.3 在编译器中选中程序代码

第2步：

执行“编辑”菜单中的“复制选定文本”命令（或按Crtl+C），将选定的程序代码复制到“剪贴板”中。

第3步：

打开“记事本”程序。

第4步：

按Ctrl+V，将复制的程序粘贴到“记事本”中，如图5.4所示。

图5.4　选中的程序粘贴到记事本中

第5步：

将记事本里的“★”提示符删除，然后再将修改后的程序粘贴到编译器中进行编译。

2 懂得与计算机对话

（1）通过“打字”给计算机下命令。

人和计算机对话就像人和人之间对话一样，开口和对方说话是发起人和人之间对话的第一步；打字，就是我们和计算机对话的第一步。

（2）通过汉语编程的编译器把汉字翻译成计算机能懂的语言并执行相应的命令。

如果自己说的话对方听不懂，就要有翻译把说的话翻译给对方听。汉语编程的编译器就是我们的机器翻译，它能让计算机明白我们所说的汉语，并按要求去做我们要求的事情。

（3）通过“记事本”可以编写程序并修改程序。

就像将声音用录音带录下来，可以在录音机里反复播放和修改一样，用记事本编写程序保存的文件就像录音带里保存的声音，可以修改。在编译器里装载该文件后，就能运行该程序。保存在文件里面的“作文”就是程序，或称为某程序的源代码。

让我们开始动动手吧

计算机只有听懂了你的话，才能按照你说的去做。我们编写程序就是写出计算机能读懂的作文，这就是学习汉语编程需要把握的重点。

1．在汉语编程的编译器中直接输入程序代码：

```
扩展对象 我的窗口 继承自 窗口对象模板
对象。
启动：窗口
```

输入全部程序后按“回车键”，程序能不能运行？

2．若无法运行，将该程序代码粘贴到“记事本”中进行修改，然后重新运行该程序。

第6课 窗口的标题

系统默认窗口标题为“汉语编程”。试一试添加一行语句来改变窗口的标题。

1. 打开已有的程序文件
2. 改变窗口的标题
3. 将文件保存到自己的文件夹中

1 打开已有的程序文件

第1步：

双击桌面上的“计算机”图标

，打开“计算机”窗口，如图6.1所示。

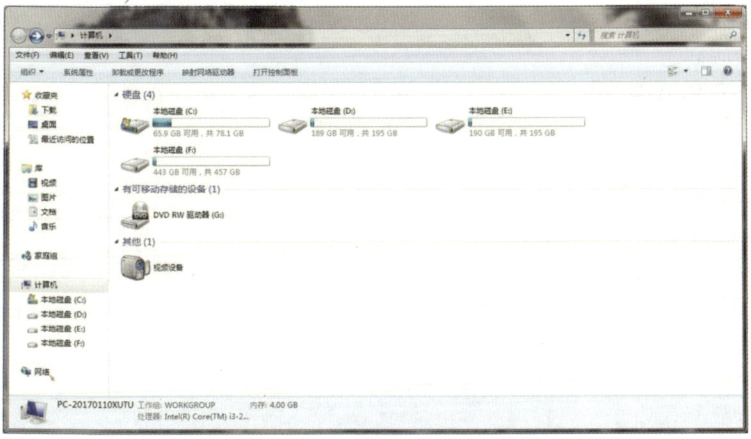

图6.1 “计算机”窗口

第2步：

在“计算机”窗口里双击保存文件夹的硬盘图标，如D盘，如图6.2所示。

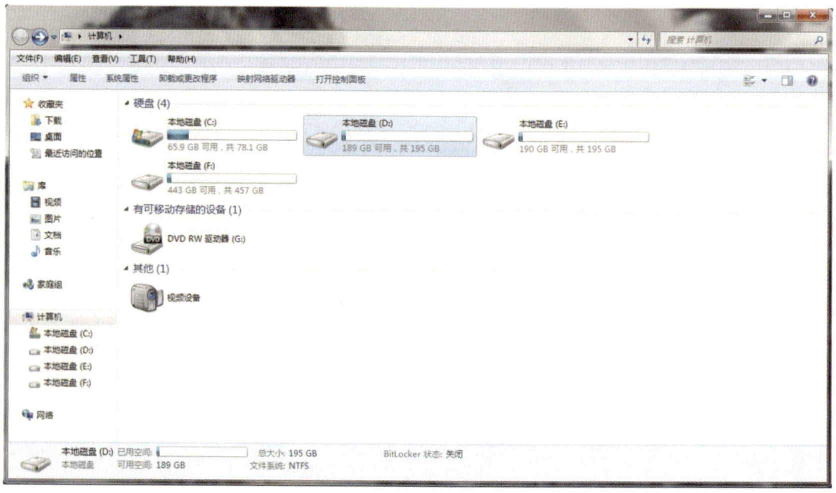

图6.2　选择D盘图标

第3步：

在D盘中，找到保存程序文件的文件夹，如“汉语编程”文件夹，然后双击该文件夹。

第4步：

双击文件夹中的程序文件，如“简单窗口.chp”文件，如图6.3所示。

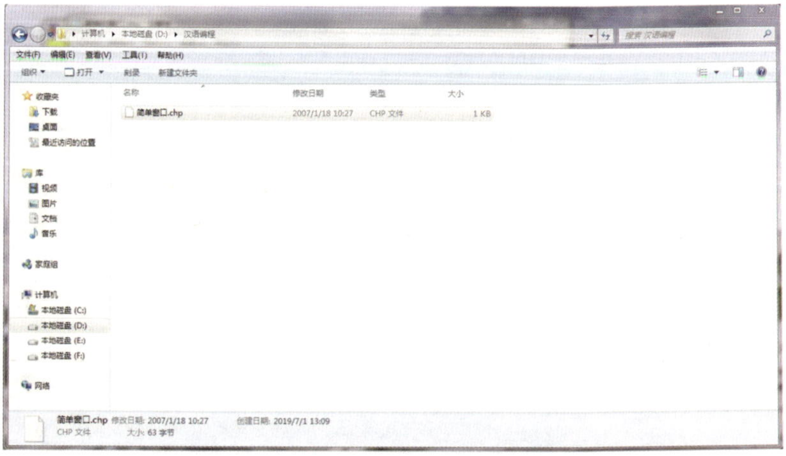

图6.3　选择“简单窗口.chp”文件

2 改变窗口的标题

因为在“简单窗口.chp”程序文件中没有给窗口标题取名，所以系统默认窗口标题为“汉语编程”，运行结果如图6.4所示。

图6.4 默认窗口标题

如果将窗口标题“汉语编程”改为“乐乐编的窗口”，可以在“窗口对象模板”与“对象。”之间添加一行语句：

```
属性 窗口标题：编字串" 乐乐编的窗口" 属性。
```

运行结果如图6.5所示。

图6.5 更改窗口标题

注意：

改变窗口标题，必须以“属性”开始，以“属性。”结束。

第1步：

为了在“对象。”前面加一条语句，需要将光标插入点移到“窗口对象模板”后面再按一下“回车键”，然后输入“属性”。

第2步：

按一下“空格键”，输入“窗口标题”。在英文输入状态下，继续输入符号“:”。

第3步：

按一下“空格键”，输入“编字串”。在英文输入状态下，继续输入引号“"”。

第4步：

按一下“空格键”，输入“乐乐编的窗口”，在英文输入状态下，继续输入引号“"”。“编字串”后面引号内的文字就是窗口标题。

第5步：

按一下“空格键”，输入“属性。”，效果如图6.6所示。

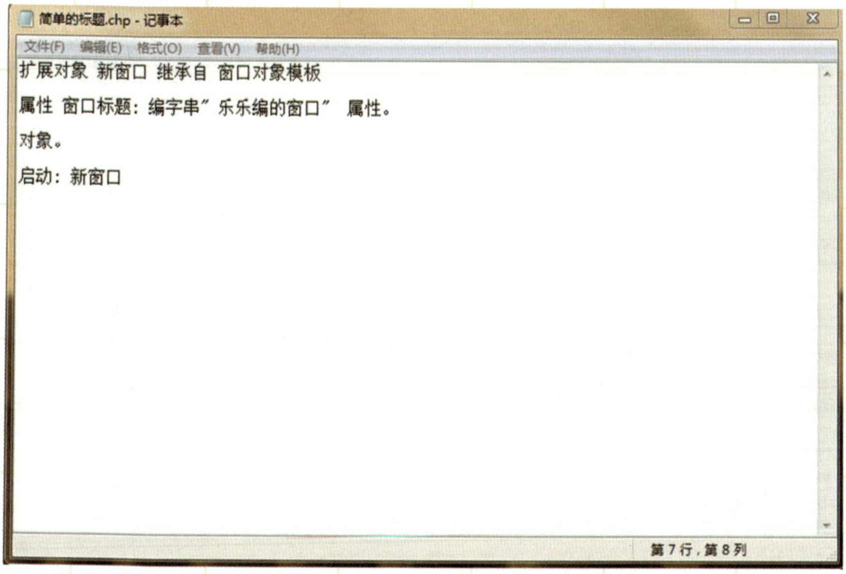

图6.6　添加语句后的“记事本”窗口

注意：

可以通过改变插入空格的多少来调整程序格式，以便使程序更清晰。

先按住 Ctrl 键不放，再按下 A 键（Ctrl+A），选定所编程序，然后再按住 Ctrl 键不放，按下 C 键（Ctrl+C），将程序复制到“剪贴板”中。打开编译器，然后再按住 Ctrl 键不放，按下 V 键（Ctrl+V），将程序粘贴到编译器中。按一下“回车键”，程序就可以运行。

3 将文件保存在自己的文件夹中

第1步：

单击“文件”菜单中的“另存为”命令，弹出“另存为”对话框，如图6.7所示。

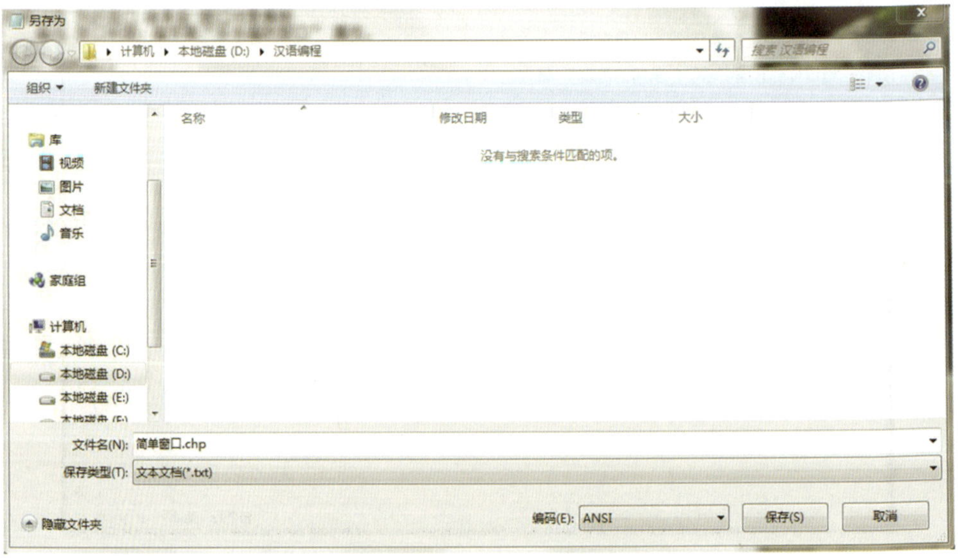

图6.7 “另存为”对话框

第2步：

单击对话框左边的导航窗口，找到需要建立文件夹的硬盘图标，如D盘，如图6.8所示。

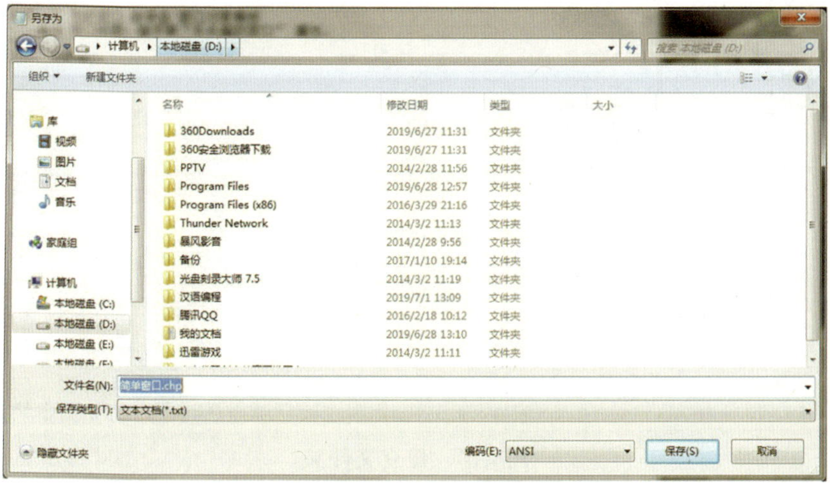

图6.8　选择D盘

第3步：

单击“另存为”对话框中的“新建文件夹”按钮，弹出一个标示为“新建文件夹”的新文件夹，如图6.9所示。

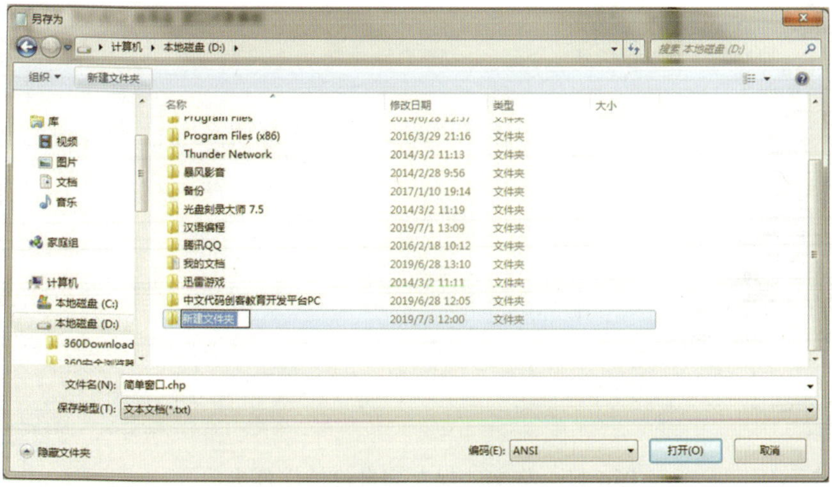

图6.9　弹出“新建文件夹”

第4步：

输入文件夹的名称，如“刘强”，再按“回车键”，如图6.10所示。

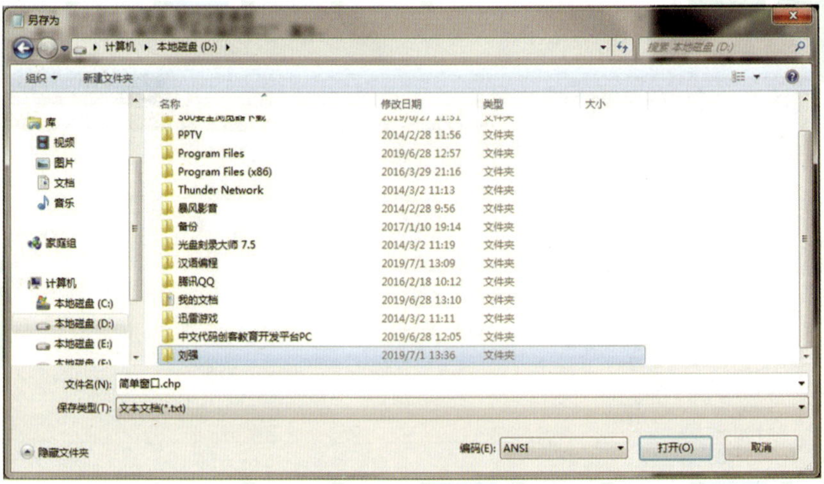

图6.10 建立文件夹

第5步：

双击建立的文件夹，在“文件名”列表框中输入文件名后，单击“保存”按钮，如图6.11所示。

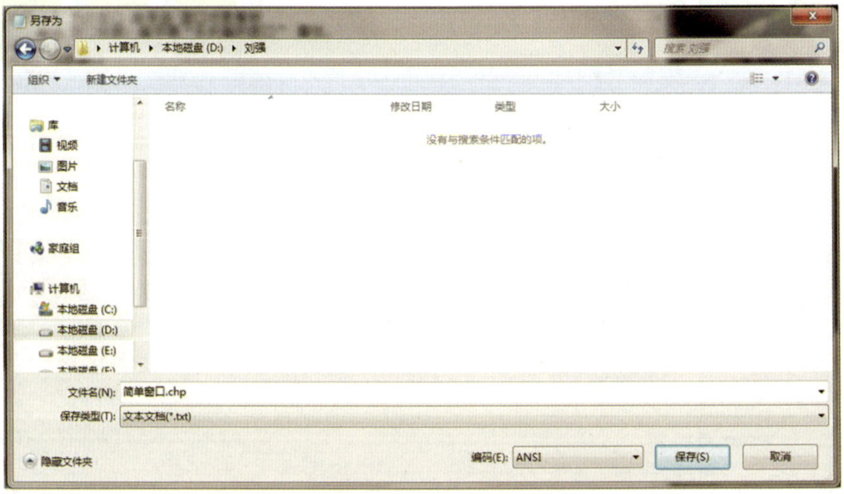

图6.11 将文件保存到自己的文件夹中

让我们开始动动手吧

打开“中文代码创客教育开发平台\多媒体教学\素材”中的“变变窗口.chp”程序文件，然后修改窗口标题为“窗口变变变”，并将程序保存在自己的文件夹中，文件名为“窗口变变变”。

第7课 窗口的大小

窗口的大小就是我们在编程时所规定的大小，该窗口可以被任意拖动，也可以对其执行最大化、最小化以及关闭等操作。

1. 像素的概念
2. 规定窗口运行后的窗口大小
3. 设置窗口开始的位置

1 像素的概念

运行“简单的标题.chp”程序时出现的窗口大小是计算机系统默认的标准尺寸640像素×480像素。这两个数分别代表：窗口的宽度是640像素、窗口的高度是480像素，如图7.1所示。

图7.1 “简单的标题”程序运行窗口

计算机显示器的分辨率为包括1 024×768、1 920×1 080等。以1 024×768为例，即从显示器屏幕的左边到右边有1 024列像素点，从上到下有768行像素点。每个像素点都可以用横坐标和纵坐标来确定位置。

窗口的宽度是指窗口的横坐标像素值，窗口的高度是指窗口的纵坐标像素值。假设图7.2所示矩形框为显示器屏幕，两根带有箭头的直线相交的点为（0，0），那么其他点的位置就可以用（横坐标，纵坐标）定下来。

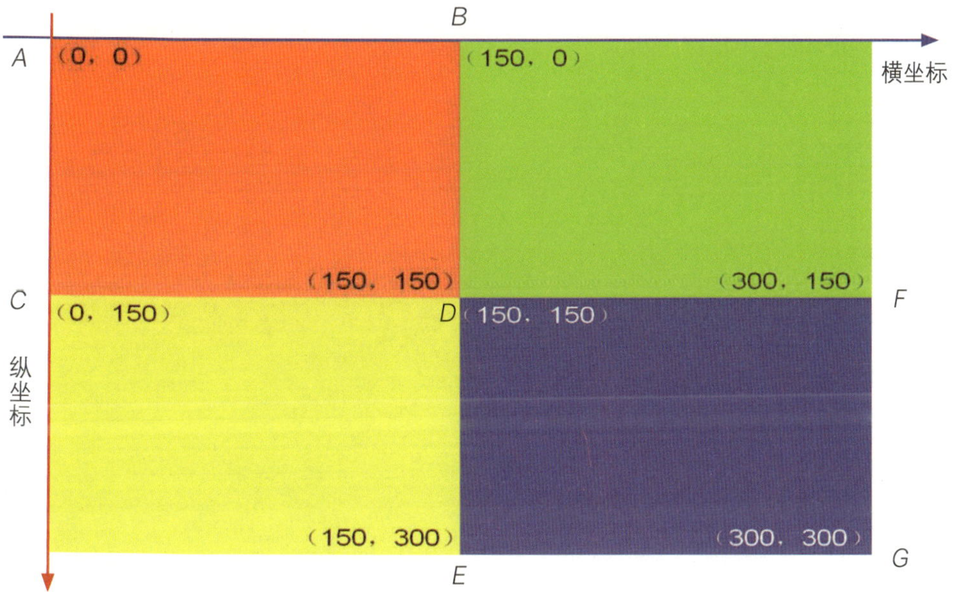

图7.2 屏幕坐标轴

2 规定程序运行后的窗口大小

如果要使“简单的标题.chp”程序运行后所产生的窗口的宽度为300像素、高度为200像素，可以在“对象。”前面添加一条规定窗口开始显示大小的语句：

```
属性 开始尺寸: <窗口的宽度> <窗口的高度> 属性。
```

第1步：

打开“简单的标题.chp”程序，如图7.3所示。

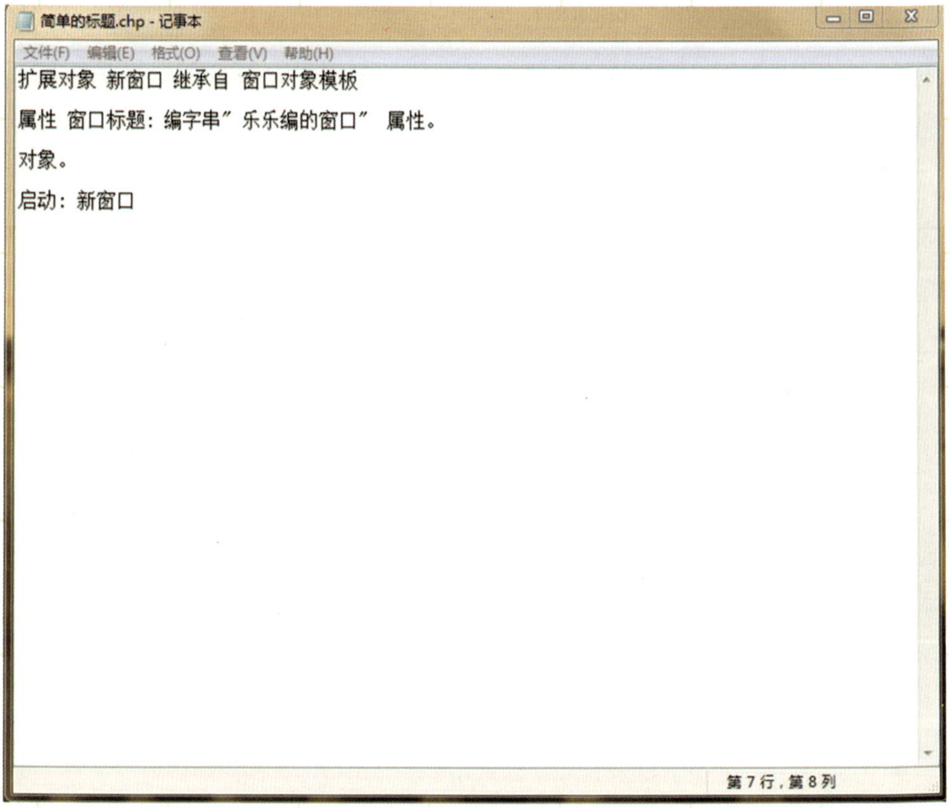

图7.3 “简单的标题”程序

第2步：

在“对象。”前面输入一条语句：

```
属性 开始尺寸: 300 200 属性。
```

程序运行后，窗口的位置在屏幕的左上角，窗口大小就是所规定的大小（宽度为300像素，高度为200像素）。可以任意拖动该窗口，也可以对其执行最大化、最小化以及关闭等操作，如图7.4所示。

图7.4　规定窗口显示时的大小

3　设置窗口开始的位置

如果要改变“简单的标题.chp”程序运行后所产生的窗口的位置，可以在“对象。”前面添加一条规定窗口开始位置的语句：

```
属性 开始位置: <横坐标> <纵坐标> 属性。
```

在“对象。”前面输入一条语句：

```
属性 开始位置：200 150 属性。
```

程序运行后，窗口的位置不在屏幕的左上角了，而是在程序中规定的位置（横坐标，200像素；纵坐标，150像素），如图7.5所示。

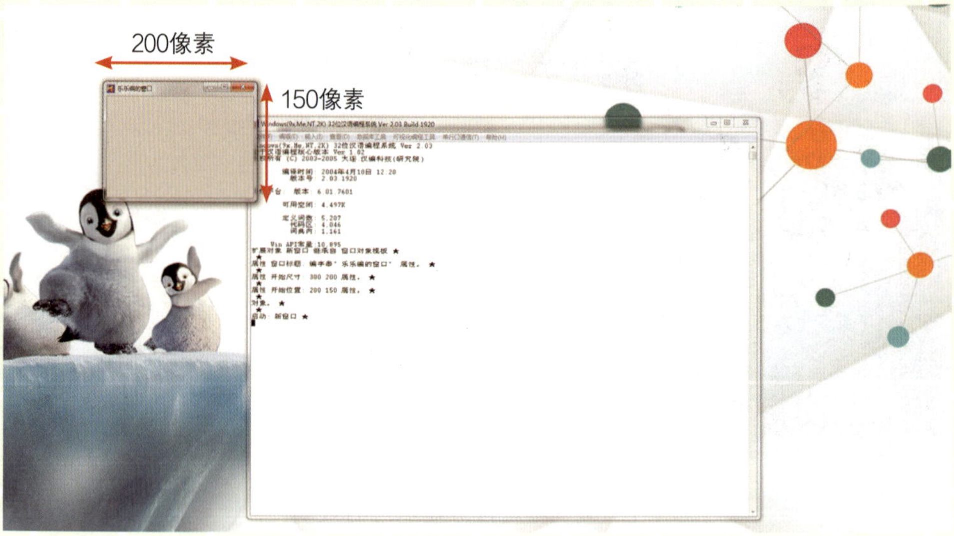

图7.5　规定窗口显示时的位置

让我们开始动动手吧

1．试着写出图7.2中标示的各点横坐标及纵坐标的像素值。

A（0，0） B（150，0） C（ ， ） D（ ， ） E（ ， ）

2．编写程序并运行程序。

（1）编写下列程序并运行程序。

```
扩展对象 窗口 继承自 窗口对象模板
对象。
启动：窗口
```

（2）在程序中添加3行语句，然后在汉语编程的编译器中运行，观察窗口在屏幕上的位置以及窗口大小的变化。

```
属性 窗口标题：编字串" 变化的窗口" 属性。
属性 开始尺寸：300 200 属性。
属性 开始位置：200 150 属性。
```

（3）将程序保存在自己的文件夹中，文件名为“变化的窗口”。

3．录入下列程序并在汉语编程的编译器中运行。

```
扩展对象 变变窗口 继承自 窗口对象模板
属性 窗口标题：编字串" 哈哈,我能变" 属性。
属性 开始位置：40 50 属性。
属性 开始尺寸：280 300 属性。
对象。
开始：变变窗口
```

第8课 多变的窗口

通常，编写的窗口都是可大可小的，若限制了窗口的最大尺寸和最小尺寸的值，那么它只能放大到所规定的最大尺寸，也只能缩小到所规定的最小尺寸。

1. 限制窗口的最大化和最小化的值
2. 确定最大窗口、最小窗口的具体方法
3. 窗口最小尺寸
4. 窗口最大尺寸

1 限制窗口的最大化和最小化的值

规定窗口最大、最小尺寸的语句：

```
属性 最大尺寸：<窗口的宽度> <窗口的高度> 属性。
属性 最小尺寸：<窗口的宽度> <窗口的高度> 属性。
```

2 具体方法

如果将“简单的窗口.chp”程序限制为窗口最大化像素值（600，550）和最小化像素值（300，350），可以在“对象。”前面添加2条语句：

属性 最小尺寸：300 350 属性。
属性 最大尺寸：600 550 属性。

3 窗口最小尺寸

程序中所规定的最小化像素值，不是指窗口按钮中的最小化，而是指窗口在屏幕上能够拖动到的最小尺寸，如图8.1所示。

图8.1 窗口最小尺寸

4 窗口最大尺寸

程序中所规定的最大化像素值，不仅是指窗口能被拖动到的最大尺寸，还指窗口按钮中的最大化，如图8.2所示。

注：像素越大图片越小。

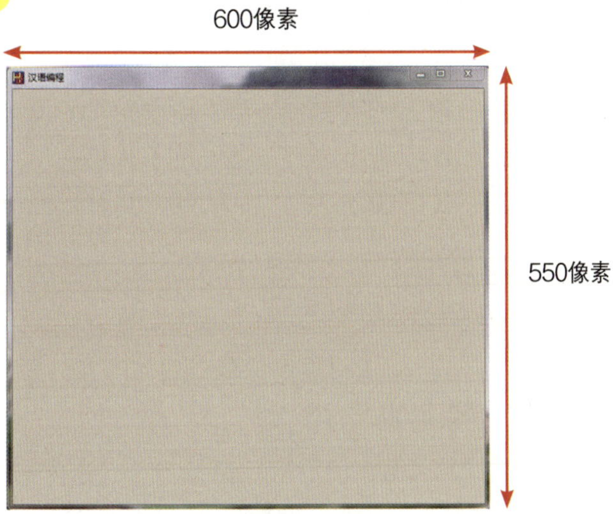

图8.2 窗口最大尺寸

让我们开始动动手吧

1．读一读用汉语编程生成窗口的固定格式。

```
扩展对象 <代号> 继承自 窗口对象模板
属性 窗口标题：编字串"<内容>"属性。
属性 开始位置：<横坐标> <纵坐标> 属性。
属性 开始尺寸：<窗口宽度> <窗口高度> 属性。
属性 最小尺寸：<窗口宽度> <窗口高度> 属性。
属性 最大尺寸：<窗口宽度> <窗口高度> 属性。
对象。
开始：<代号>
```

2．编写程序并运行程序。

（1）试着在“写字板”中编写下列程序：

```
扩展对象 ABC窗口 继承自 窗口对象模板
属性 窗口标题：编字串"酷酷窗口"属性。
属性 开始位置：150 150 属性。
属性 开始尺寸：500 300 属性。
属性 最小尺寸：300 200 属性。
属性 最大尺寸：600 400 属性。
对象。
开始：ABC窗口
```

（2）将程序保存在自己的文件夹中，文件名为“酷酷窗口.chp”。

（3）在汉语编程的编译器中装载程序，并观察窗口在屏幕上的位置以及窗口大小的变化。

（4）将程序修改为：

```
扩展对象 窗口 继承自 窗口对象模板
属性 窗口标题：编字串" 酷酷窗口" 属性。
属性 开始位置：250 250 属性。
属性 开始尺寸：400 300 属性。
属性 最小尺寸：300 200 属性。
属性 最大尺寸：550 340 属性。
对象。
启动：窗口
```

编译后观察窗口在屏幕上的变化，如图8.3所示。

图8.3　酷酷窗口

3．按照图8.3所显示的窗口运行结果，写出相应的程序。

扩展对象 窗口 继承自 窗口对象模板

____

____

____

____

对象。

启动：窗口

4．编写一个窗口程序。

编写一个窗口程序，使其标题为“我的窗口”，开始位置（100，100）；开始尺寸为窗口宽度400像素、窗口高度400像素；最大尺寸为窗口宽度600像素、窗口高度500像素；最小尺寸为窗口宽度200像素、窗口高度200像素。

第9课 单色窗口

用汉语编程不但可以制作出一个窗口，而且可以制作出一个带颜色的窗口。带颜色的窗口，就是在窗口中填充颜色。这里所讲的颜色是电脑中已有的颜色，如果超出已有的颜色，则可以用程序去定义任意的颜色。

1. 设计一个单色窗口
2. 填充一个红色的矩形区域
3. 整个窗口都填充成红色
4. 填充区域随窗口大小的变化而变化
5. 用自定义的颜色来填充窗口

1 学会设计一个单色窗口

填充颜色的格式为：

```
对象事件 绘制时:
X1 Y1 X2 Y2 <颜色> 区域填充: 设备描述表
对象事件。
```

其中：

X1是矩形区域左上角的横坐标，Y1是矩形区域左上角的纵坐标；X2是矩形区域右下角的横坐标，Y2是矩形区域右下角的纵坐标。

“设备描述表”是一个比较专业的概念，用通俗的语言解释，就是一个窗口所对应的显示器或打印机等虚拟设备。

2 在窗口上填充一个红色的矩形区域

```
扩展对象 窗口 继承自 窗口对象模板
属性 窗口标题：编字串" 带颜色的窗口" 属性。
属性 开始位置：160 100 属性。
属性 开始尺寸：200 200 属性。
对象事件 绘制时：
        50 50 150 150 浅红色 区域填充：设备描述表
对象事件。
对象。
启动：窗口
```

程序运行结果如图9.1所示。

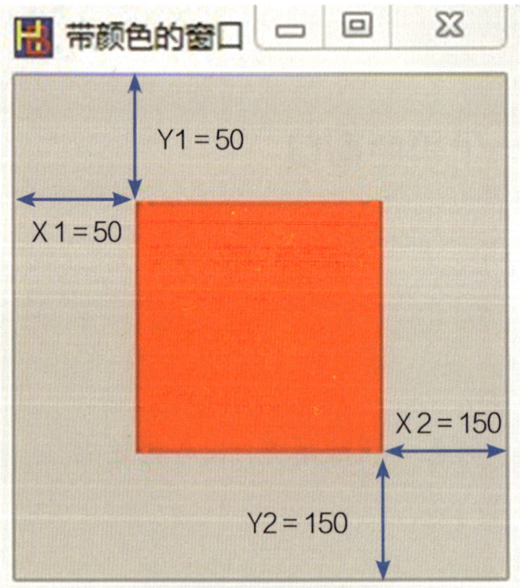

图9.1 在窗口上填充一个红色的矩形区域

3 把整个窗口都填充成红色

```
扩展对象 窗口 继承自 窗口对象模板
属性 窗口标题: 编字串" 带颜色的窗口" 属性。
属性 开始位置: 160 100 属性。
属性 开始尺寸: 200 200 属性。
对象事件 绘制时:
        0 0 200 200 浅红色 区域填充: 设备描述表
对象事件。
对象。
启动: 窗口
```

程序运行结果如图9.2所示。

图9.2 把整个窗口都填充成红色

上面的程序虽然定义把窗口全部填充成红色，但当我们拖动窗口边框时会发现窗口并没有真正全部填充红色，如图9.3所示。

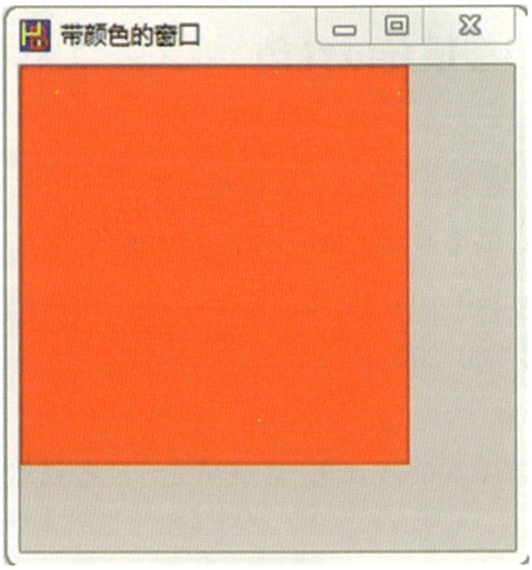

图9.3　拖动后颜色填充不满的窗口

怎样才能让填充区域随着窗口大小变化而变化呢？通过“0 0 读大小：自本身”这句话就可以实现。填充的左上角坐标总是“0 0”，“读大小：自本身”可以读到当前窗口右下角的坐标值，用这两个值来代替填充区域的右下角坐标，这样填充的区域就会随着窗口大小的变化而变化。

4 填充区域随窗口大小的变化而变化

```
扩展对象 窗口 继承自 窗口对象模板
属性 窗口标题：编字串" 带颜色的窗口" 属性。
属性 开始位置：160 100 属性。
属性 开始尺寸：200 200 属性。
对象事件 绘制时：
          0 0 读大小：自本身 浅红色 区域填充：设备描述表
对象事件。
对象。
启动：窗口
```

程序运行结果如图9.4所示。

图9.4 随窗口变化的颜色窗口

5 用自定义的颜色填充窗口

色彩丰富的图像其实是由3种基本颜色“红、绿、蓝”构成的，“红、绿、蓝”在计算机中是用数字表示的。假设我们把每一种颜色放在一个量杯中，量杯的刻度最高为255，那么单个颜色的最大值就是255，最小值是0。

通过“红（R）、绿（G）、蓝（B）”命令把3个量杯中的颜色混合在一起，然后就可以定义一个新颜色，例如：

```
200 100 50 RGB 新颜色 橘黄色
```

颜色调好了，只要把“红色的窗口.chp”程序中的“浅红色”修改为“橘黄色”，然后在程序开头加上一条语句：

```
200 100 50 RGB 新颜色 橘黄色
```

程序运行后的窗口就是“橘黄色”的窗口，如图9.5所示。

图9.5　“橘黄色”的窗口

让我们开始动动手吧

编写程序并运行程序。

（1）试着在“写字板”中编写下列程序：

```
扩展对象 绿色窗口 继承自 窗口对象模板
属性 窗口标题: 编字串" 浅绿色窗口" 属性。
属性 开始位置: 100 100 属性。
属性 开始尺寸: 400 500 属性。
属性 最大尺寸: 600 450 属性。
属性 最小尺寸: 200 200 属性。
对象事件 绘制时:
            0 0 读大小: 自本身
浅绿色 区域填充: 设备描述表
对象事件。
对象。
开始: 绿色窗口
```

（2）将程序保存在自己的文件夹中，文件名为“绿色窗口.chp”。

（3）在汉语编程的编译器中装载程序，并观察窗口的变化。

（4）把“红色的窗口.chp”程序中的“红色”修改为“绿色”，然后在程序开头加上一条语句：

```
20 100 150 RGB 新颜色 绿色
```

（5）将程序保存，文件名为“绿色的窗口.chp”。

第10课 多色窗口

编制彩色窗口则需要填充窗口的颜色，首先生成一个单色窗口对象，然后选择颜色进行区域填充。填充区域的大小是根据窗口的大小决定的。

1. 设计一个多色窗口
2. 在“记事本”中输入生成该窗口的语句
3. 输入填充窗口颜色的语句
4. 输入生成窗口的最后语句

1 学会设计一个多色窗口

多色窗口运行后的效果如图10.1所示。

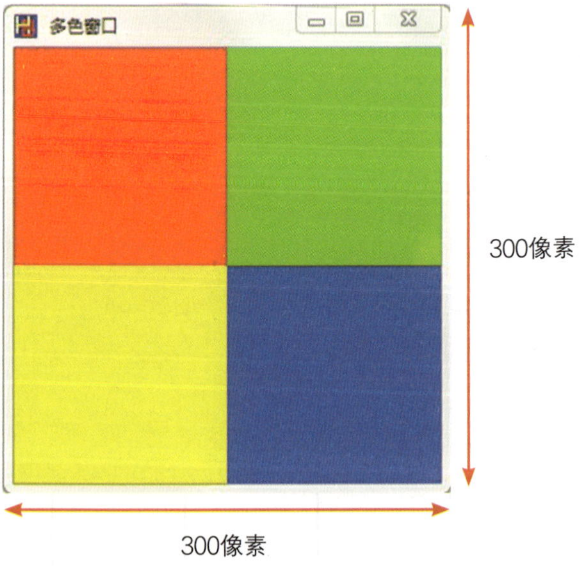

图10.1　多色窗口运行后效果

2 在“记事本”中输入生成该窗口的语句

在“记事本”中输入生成该窗口的前5条语句：

扩展对象 多色窗口 继承自 窗口对象模板

属性 窗口标题：编字串" 多色窗口" 属性。

属性 开始尺寸：300 300 属性。

属性 开始位置：150 150 属性。

属性 最大尺寸：300 300 属性。

3 输入填充窗口颜色的语句

输入填充窗口颜色的语句：

对象事件 绘制时：

0 0 150 150 浅红色 区域填充：设备描述表

150 0 300 150 浅绿色 区域填充：设备描述表

0 150 150 300 浅黄色 区域填充：设备描述表

150 150 300 300 浅蓝色 区域填充：设备描述表

对象事件。

4 输入生成窗口的最后语句

输入生成窗口的最后2条语句：

对象。

启动：多色窗口

注意：

程序中定义的窗口的最大尺寸为宽度300像素、高度300像素，恰好与所选定的颜色区域相等。如果未定义窗口的最大尺寸，则超出的区域为一片空白。为使窗口最大化之后不出现空白区域，在程序设计时所定义的该窗口的最大尺寸要与选定的颜色区域相符。

让我们开始动动手吧

编写一个多彩窗口程序，使其标题为“多彩窗口”，开始位置（40，50），开始尺寸为窗口宽度280像素、窗口高度300像素。将程序保存在自己的文件夹中，文件名为“多彩窗口.chp”，程序运行结果如图10.2所示。

图10.2　多彩窗口

参考程序：

扩展对象 多彩窗口 继承自 窗口对象模板
属性 窗口标题：编字串" 多彩窗口" 属性。
属性 开始尺寸：280 300 属性。
属性 开始位置：40 50 属性。

对象事件　绘制时：

0 0 35 150 红色 区域填充：设备描述表
35 0 70 150 浅红色 区域填充：设备描述表
70 0 105 150 浅灰色 区域填充：设备描述表
105 0 140 150 白色 区域填充：设备描述表
140 0 175 150 灰色 区域填充：设备描述表
175 0 210 150 浅青色 区域填充：设备描述表
210 0 245 150 浅洋红色 区域填充：设备描述表
245 0 280 150 洋红色 区域填充：设备描述表
0 150 35 300 浅黄色 区域填充：设备描述表
35 150 70 300 黄色 区域填充：设备描述表
70 150 105 300 浅蓝色 区域填充：设备描述表
105 150 140 300 蓝色 区域填充：设备描述表
140 150 175 300 浅绿色 区域填充：设备描述表
175 150 210 300 绿色 区域填充：设备描述表
210 150 245 300 深灰色 区域填充：设备描述表
245 150 280 300 黑色 区域填充：设备描述表
对象事件。
对象。
开始：多彩窗口

第三单元　绘制图形

汉语编程不但能编出各种各样的窗口，还能绘制出漂亮的图画。一幅简单的图画可以看作由基本图形组合而成。因此，要学会画一幅复杂的画，就必须从简单的基本功学起。

本单元中，我们将通过汉语编程来绘制简单的图形。

第11课 绘制直线

起点坐标（X1，Y1）和终点坐标（X2，Y2）两点确定一条直线。

1. 编写画直线的程序
2. 在窗口中画一条红色直线
3. 画三角形的程序

1 编写画直线的程序

如果要在窗口中画直线，可以在“对象。”前面添加5条语句：

```
对象事件  绘制时:
          <颜色> 画线颜色: 设备描述表
          X1 Y1 坐标定位: 设备描述表
          X2 Y2 画线到: 设备描述表
对象事件。
```

其中：

X1是直线起点的横坐标，Y1是直线起点的纵坐标。

X2是直线终点的横坐标，Y2是直线终点的纵坐标。

两点确定一条直线。

2 在窗口中画一条红色直线

```
扩展对象 画线段 继承自 窗口对象模板
属性 窗口标题: 编字串" 红色线段" 属性。
属性 开始位置: 40 50 属性。
属性 开始尺寸: 280 300 属性。
对象事件 绘制时:
        浅红色 画线颜色: 设备描述表
        45 80 坐标定位: 设备描述表
        150 80 画线到: 设备描述表
对象事件。
对象。
开始: 画线段
```

编译后的程序运行结果如图11.1所示。

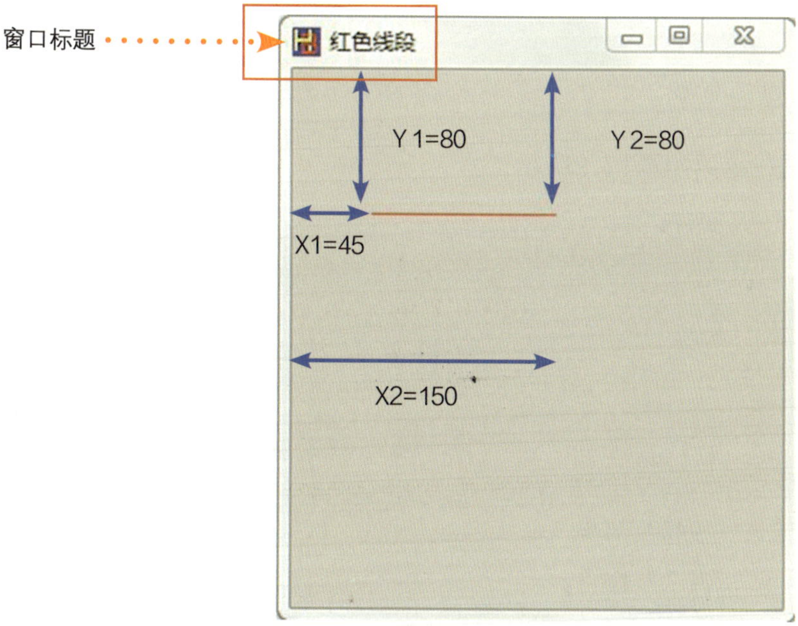

图11.1 汉语编程画直线窗口

3 编写画三角形的程序

学会画直线以后，就可以用直线组合出各种各样的图形。下面的程序就是用3条直线组成一个三角形。

```
扩展对象 画三角形 继承自 窗口对象模板
属性 窗口标题：编字串"画三角形"属性。
属性 开始位置：0 0 属性。
属性 开始尺寸：640 480 属性。
对象事件 绘制时：
        红色 画线颜色：设备描述表
        300 100 坐标定位：设备描述表
        100 300 画线到：设备描述表
        500 300 画线到：设备描述表
        300 100 画线到：设备描述表
对象事件。
对象。
启动：画三角形
```

程序运行结果如图11.2所示。

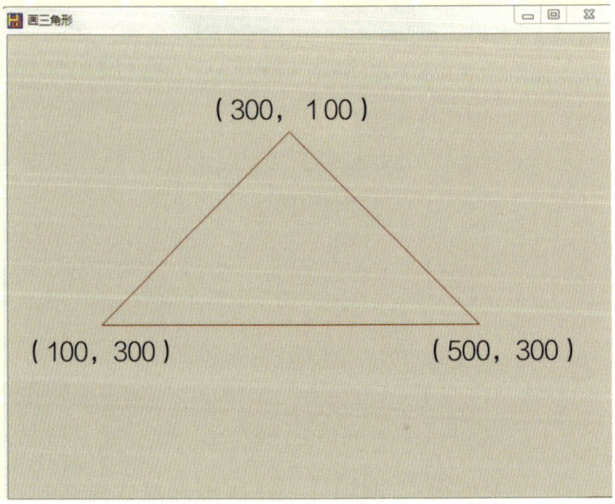

图11.2　汉语编程直线画三角形窗口

让我们开始动动手吧

1．用直线组合带“T”字的窗口，如图11.3所示。

参考程序：

```
扩展对象 画T字窗口 继承自 窗口对象模板
属性 窗口标题：编字串" 写T字" 属性。
属性 开始尺寸：300 300 属性。
对象事件 绘制时：
          0 0 读大小：自本身 浅黄色 区域填充：设备描述表
          蓝色 画线颜色：设备描述表
          50 100 坐标定位：设备描述表
          250 100 画线到：设备描述表
          150 100 坐标定位：设备描述表
          150 250 画线到：设备描述表
对象事件。
对象。
启动：画T字窗口
```

图11.3 “T”字图形

2．用直线组合带“山”字的窗口，如图11.4所示。

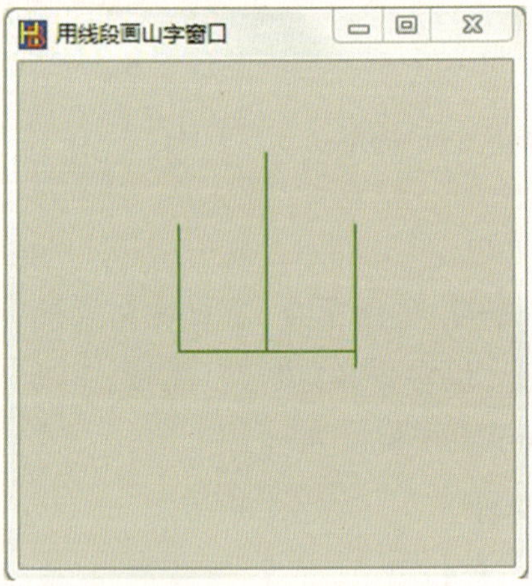

图11.4　“山”字图形

参考程序：

```
扩展对象 画山字窗口 继承自 窗口对象模板
属性 窗口标题：编字串" 用线段画山字窗口" 属性。
属性 开始位置：40 50 属性。
属性 开始尺寸：280 280 属性。
对象事件 绘制时：绿色 画线颜色：设备描述表
                140 50 坐标定位：设备描述表
                140 160 画线到：设备描述表
                90 90 坐标定位：设备描述表
                90 160 画线到：设备描述表
                190 160 画线到：设备描述表
                190 90 坐标定位：设备描述表
                190 170 画线到：设备描述表
对象事件。
对象。
启动：画山字窗口
```

第12课 新编词名

汉语编程中可以用“编”开始定义一个新的词名，然后把程序写在之后，最后以句号“。”结束。把这个词名写在需要执行的地方即可调用这段程序。采用这样的方法可以反复使用同样的程序，同时也让程序一目了然。

1. 用“编”开始定义一个新的词名，用直线组合“山”字
2. 用“编”定义“写第一笔”
3. 用“编”定义“写第二笔”
4. 用“编”定义“写第三笔”

1 学会用“编”开始定义一个新的词名，用直线组合“山”字

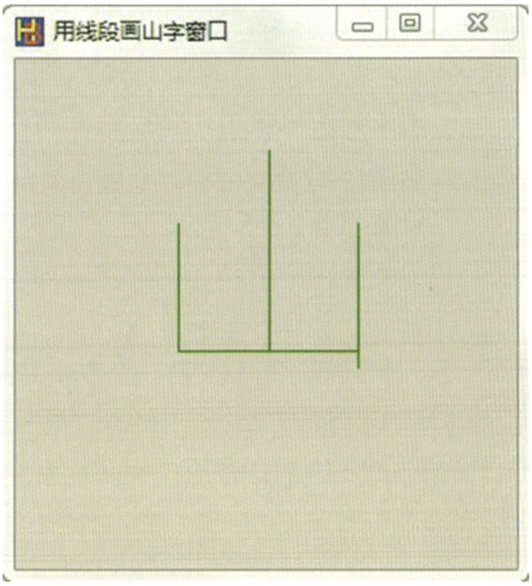

图12.1　山字图形

```
扩展对象 画山字窗口 继承自 窗口对象模板
属性 窗口标题: 编字串" 用线段画山字窗口" 属性。
属性 开始位置: 40 50 属性。
属性 开始尺寸: 280 280 属性。
```

2 学会用“编”定义“写第一笔”

```
编 写第一笔 140 50 坐标定位: 设备描述表
          140 160 画线到: 设备描述表 。
```

3 学会用“编”定义“写第二笔”

```
编 写第二笔 90 90 坐标定位: 设备描述表
          90 160 画线到: 设备描述表
          190 160 画线到: 设备描述表 。
```

4 学会用“编”定义“写第三笔”

```
编 写第三笔 190 90 坐标定位: 设备描述表
          190 170 画线到: 设备描述表 。
对象事件 绘制时: 绿色 画线颜色: 设备描述表
写第一笔 写第二笔 写第三笔
对象事件。
对象。
开始: 画山字窗口
```

让我们开始动动手吧

用直线组合带“王”字的窗口，如图12.2所示。

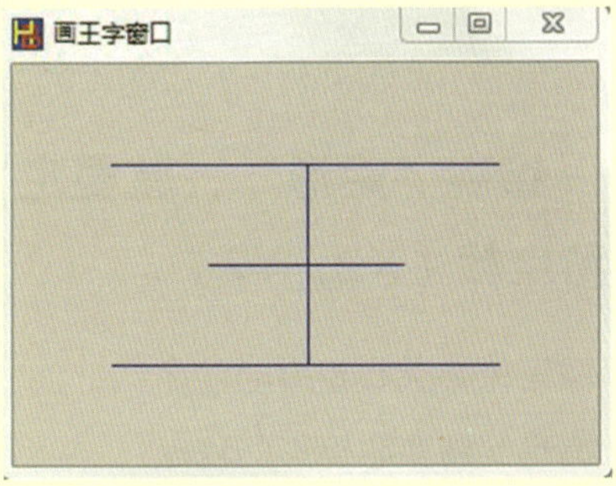

图12.2　“王”字图形

参考程序：

```
扩展对象 画王字窗口 继承自 窗口对象模板
属性 窗口标题：编字串" 画王字窗口" 属性。
属性 开始位置：0 0 属性。
属性 开始尺寸：300 200 属性。
编 写第一笔 50 50 坐标定位：设备描述表
            250 50 画线到：设备描述表 。
编 写第二笔 100 100 坐标定位：设备描述表
            200 100 画线到：设备描述表 。
编 写第三笔 50 150 坐标定位：设备描述表
            250 150 画线到：设备描述表 。
编 写第四笔 150 50 坐标定位：设备描述表
            150 150 画线到：设备描述表 。
            画线颜色：设备描述表
对象事件 绘制时：蓝色
写第一笔 写第二笔 写第三笔 写第四笔
对象事件。
对象。
开始：画王字窗口
```

第13课 绘制矩形

绘制"矩形"，就要定义左上角坐标（X1，Y1），右下角坐标（X2，Y2）。

1. 编写绘制空心矩形的程序
2. 编写绘制实心矩形的程序

1 绘制空心矩形的程序

如果要在窗口中绘制空心矩形，可以在"对象事件。"前面添加1条语句：

```
X1 Y1 X2 Y2 <颜色> 空心矩形：设备描述表
```

其中：

X1是矩形左上角的横坐标，Y1是矩形左上角的纵坐标；X2是矩形右下角的横坐标，Y2是矩形右下角的纵坐标。

在窗口中画一个红色空心矩形的程序如下。

```
扩展对象 画矩形 继承自 窗口对象模板
属性 窗口标题：编字串" 矩形" 属性。
属性 开始尺寸：300 300 属性。
对象事件 绘制时：
        50 50 250 250 浅红色 空心矩形：设备描述表
对象事件。
对象。
开始：画矩形
```

其中：矩形左上角坐标是（50，50），矩形右下角坐标是（250，250）。

编译后的程序运行结果如图13.1所示。

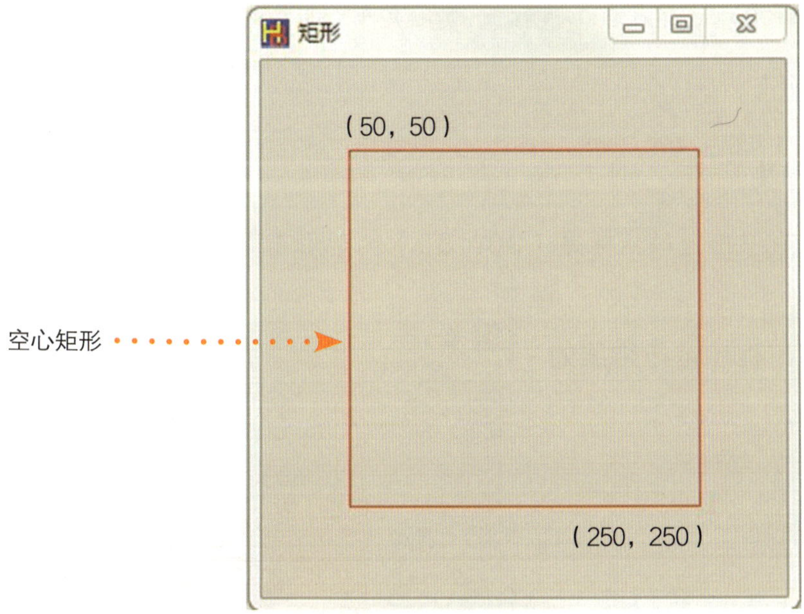

图13.1 绘制空心矩形

2 绘制实心矩形的程序

如果要在窗口中绘制实心矩形，可以在“对象事件。”前面添加1条语句：

X1 Y1 X2 Y2 <颜色> 实心矩形：设备描述表

无论是实心矩形还是空心矩形，X1都是矩形左上角的横坐标，Y1都是矩形左上角的纵坐标；X2都是矩形右下角的横坐标，Y2都是矩形右下角的纵坐标。

在窗口中画一个红色实心矩形的程序如下。

```
扩展对象 画矩形 继承自 窗口对象模板
属性 窗口标题：编字串" 矩形" 属性。
属性 开始尺寸：300 300 属性。
对象事件 绘制时：
        80 80 200 200 浅红色 实心矩形：设备描述表
对象事件。
对象。
启动：画矩形
```

其中：矩形左上角坐标是（80，80），矩形右下角坐标是（200，200）。

编译后的程序运行结果如图13.2所示。

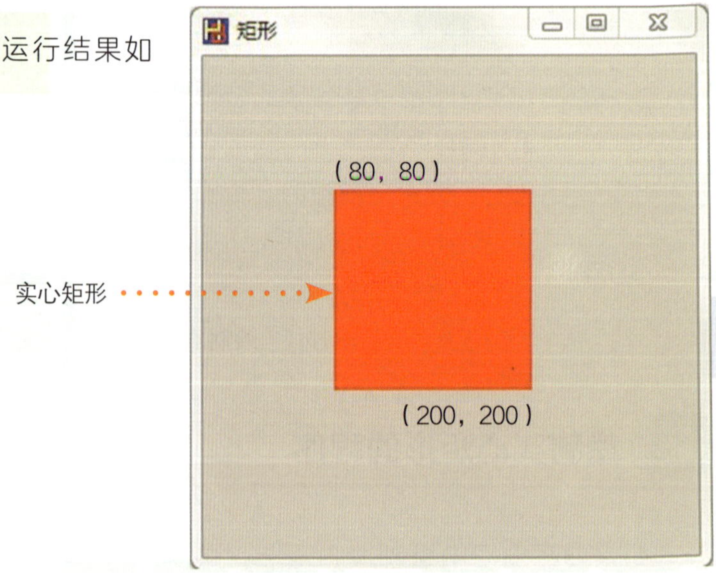

图13.2 实心矩形

让我们开始动动手吧

1. 编写一个窗口标题为“实心与空心”的黄色窗口，并在窗口中绘制一个空心矩形和一个实心矩形。

具体要求：

（1）窗口的开始位置坐标（50，50）。
（2）窗口的开始尺寸为宽度500像素、高度400像素。
（3）空心矩形的颜色为蓝色。
（4）实心矩形的颜色为红色。
程序运行结果如图13.3所示。

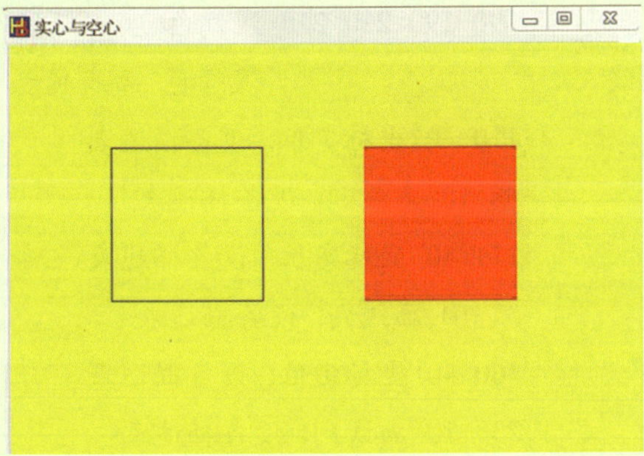

图13.3　空心与实心矩形

2. 编写一个窗口标题为“彩色电视机”的白色窗口，并在窗口中绘制一台彩色电视机图形。程序运行结果如图13.4所示。

图13.4　彩色电视机

参考程序：

```
扩展对象 画电视机 继承自 窗口对象模板
属性 窗口标题: 编字串" 彩色电视机" 属性。
属性 开始尺寸: 280 300 属性。
属性 开始位置: 40 50 属性。
编 填充背景   0 0 读大小: 自本身 白色 区域填充: 设备描述表 。
编 画电视外壳 30 40 240 190 浅蓝色 实心矩形: 设备描述表 。
编 画电视屏幕 60 70 200 200 浅黄色 实心矩形: 设备描述表 。
编 画电视机腿 60 190 80 210 浅红色 实心矩形: 设备描述表
            190 190 210 210 浅红色 实心矩形: 设备描述表 。
编 画天线                    浅绿色 画线颜色: 设备描述表
            110 40 坐标定位: 设备描述表
            35 10 画线到: 设备描述表
            111 40 坐标定位: 设备描述表
            37 10 画线到: 设备描述表
            160 40 坐标定位: 设备描述表
            235 10 画线到: 设备描述表
            162 40 坐标定位: 设备描述表
            237 10 画线到: 设备描述表 。
对象事件 绘制时: 填充背景
画电视外壳 画电视屏幕 画电视机腿 画天线
对象事件。
对象。
启动: 画电视机
```

第14课  绘制圆形

如果要用“填充圆:”在窗口中画空心圆，需要将画刷颜色设置为窗口区域填充颜色,也可以直接用“画圆:”画出空心圆。

1. 编写绘制空心圆形的程序
2. 编写绘制实心圆形的程序

1 学会编写绘制空心圆形的程序

如果要在窗口中绘制圆形，可以在“对象事件。”前面添加3条语句：

```
<颜色1> 画笔颜色: 设备描述表
<颜色2> 画刷颜色: 设备描述表
X1 Y1 R 填充圆: 设备描述表
```

其中：

<颜色1> 画笔颜色：圆框的线条颜色。

<颜色2> 画刷颜色：圆内部填充颜色。

X1是圆心的横坐标，Y1是圆心的纵坐标，X1和Y1用于控制圆的位置；R是圆的半径，用于控制圆的大小。圆心加上半径就可以确定一个圆的位置与大小，所以，在编程序的过程中，首先要选择好圆心的横坐标、纵坐

标以及所画圆的半径。

圆分为实心圆和空心圆两种。

在浅黄色窗口中画一个红色边框线的空心圆的程序如下。

```
扩展对象 空心圆窗口 继承自 窗口对象模板
属性 窗口标题: 编字串" 画红色空心圆" 属性。
属性 开始位置: 160 100 属性。
属性 开始尺寸: 300 300 属性。
对象事件 绘制时:
          0 0 读大小: 自本身
浅黄色 区域填充: 设备描述表
浅红色 画笔颜色: 设备描述表
浅黄色 画刷颜色: 设备描述表
140 140 70 填充圆: 设备描述表
对象事件。
对象。
启动: 空心圆窗口
```

编译后的程序运行结果如图14.1所示。

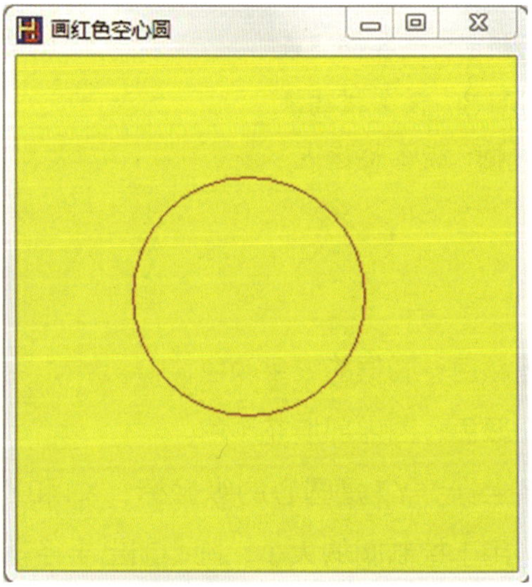

图14.1 红色空心圆

2 学会编写绘制实心圆形的程序

在浅黄色窗口中画一个画笔颜色为红色、画刷颜色也为红色的实心圆的程序如下。

在窗口中画实心圆，需要将画刷颜色设置为画笔颜色。

```
扩展对象 实心圆窗口 继承自 窗口对象模板
属性 窗口标题: 编字串" 画实心圆" 属性。
属性 开始位置: 160 100 属性。
属性 开始尺寸: 300 300 属性。
对象事件 绘制时:
          0 0 读大小: 自本身
浅黄色 区域填充: 设备描述表
浅红色 画笔颜色: 设备描述表
浅红色 画刷颜色: 设备描述表
140 140 70 填充圆: 设备描述表
对象事件。
对象。
启动: 实心圆窗口
```

编译后的程序运行结果如图14.2所示。

图14.2　红色实心圆

让我们开始动动手吧

1．编写一个窗口标题为“小汽车”的白色窗口，并在窗口中绘制一辆小汽车图形。程序运行结果如图14.3所示。

图14.3　小汽车

参考程序1：

```
扩展对象 窗口 继承自 窗口对象模板
属性 窗口标题: 编字串" 小汽车" 属性。
属性 开始位置: 160 100 属性。
属性 开始尺寸: 300 300 属性。
```

```
对象事件 绘制时:
0 0 读大小: 自本身
白色 区域填充: 设备描述表
浅蓝色
140 80 240 180 实心矩形: 设备描述表
浅黄色
80 150 240 240 实心矩形: 设备描述表
黑色 画笔颜色: 设备描述表
浅红色 画刷颜色: 设备描述表
120 240 30 填充圆: 设备描述表
黑色 画笔颜色: 设备描述表
浅红色 画刷颜色: 设备描述表
210 240 30 填充圆: 设备描述表
黑色 画笔颜色: 设备描述表
浅绿色 画刷颜色: 设备描述表
210 240 10 填充圆: 设备描述表
黑色 画笔颜色: 设备描述表
浅绿色 画刷颜色: 设备描述表
120 240 10 填充圆: 设备描述表
对象事件。
对象。
启动: 窗口
```

参考程序2:

```
扩展对象 窗口 继承自 窗口对象模板
属性 窗口标题: 编字串" 小汽车" 属性。
属性 开始位置: 160 100 属性。
属性 开始尺寸: 300 300 属性。
```

```
编  画车厢 140 80  240 180 浅蓝色 实心矩形: 设备描述表 。
编  画车身 80 150 240 240 浅黄色 实心矩形: 设备描述表 。
编  画前轮 黑色 画笔颜色: 设备描述表
           浅红色 画刷颜色: 设备描述表
           120 240 240 30 填充圆: 设备描述表
           浅绿色 画刷颜色: 设备描述表
           120 240 240 10 填充圆: 设备描述表 。
编  画后轮 黑色 画笔颜色: 设备描述表
           浅红色 画刷颜色: 设备描述表
           210 240 240 30 填充圆: 设备描述表
           浅绿色 画刷颜色: 设备描述表
           210 240 240 10 填充圆: 设备描述表 。
0 0 读大小: 自本身 白色
画车厢 画车身 画前轮 画后轮
对象事件。
对象。
启动: 窗口
```

2．编写一个窗口标题为“月亮”的蓝色窗口，并在窗口中绘制月亮的图形。程序运行结果如图14.4所示。

图14.4　在窗口中画月亮

参考程序：

```
扩展对象 简单的窗口颜色 继承自 窗口对象模板
属性 窗口标题: 编字串" 月亮" 属性。
属性 开始尺寸: 300 300 属性。
编 画圆月 浅黄色 画笔颜色: 设备描述表
          浅黄色 画刷颜色: 设备描述表
          130 120 80 填充圆: 设备描述表 。
编 缺掉半月 蓝色 画笔颜色: 设备描述表
            蓝色 画刷颜色: 设备描述表
            200 120 80 填充圆: 设备描述表 。
对象事件 绘制时: 0 0 读大小: 自本身
蓝色 区域填充: 设备描述表
画圆月 缺掉半月
对象事件。
对象。
启动: 简单的窗口颜色
```

第15课 绘制椭圆

在窗口中画空心椭圆，需要将画刷颜色设置为窗口区域填充颜色。

1. 编写绘制椭圆形的程序
2. 画红色空心椭圆形
3. 画红色实心椭圆形

1 学会编写绘制椭圆形的程序

如果要在窗口中绘制椭圆形，可以在“对象事件。”前面添加3条语句：

```
    <颜色1>   画笔颜色：设备描述表
    <颜色2>   画刷颜色：设备描述表
X1  Y1  X2  Y2  画椭圆：设备描述表
```

其中：

<颜色1> 画笔颜色：椭圆外框的线条颜色。

<颜色2> 画刷颜色：椭圆内部填充颜色。

X1、Y1、X2、Y2 用于控制椭圆的大小和位置。

X1是边界矩形左上角的横坐标，Y1是边界矩形左上角的纵坐标；X2是边界矩形右下角的横坐标，Y2是边界矩形右下角的纵坐标。

2 画红色空心椭圆形

在白色窗口中画一个红色边框线的空心椭圆形的程序如下。

```
扩展对象 窗口 继承自 窗口对象模板
属性 窗口标题: 编字串" 画红色空心椭圆" 属性。
属性 开始位置: 160 100 属性。
属性 开始尺寸: 300 300 属性。
对象事件 绘制时:
0 0 读大小: 自本身
白色 区域填充: 设备描述表
浅红色 画笔颜色: 设备描述表
白色 画刷颜色: 设备描述表
60 60 220 100 画椭圆: 设备描述表
对象事件。
对象。
启动: 窗口
```

编译后的程序运行结果如图15.1所示。

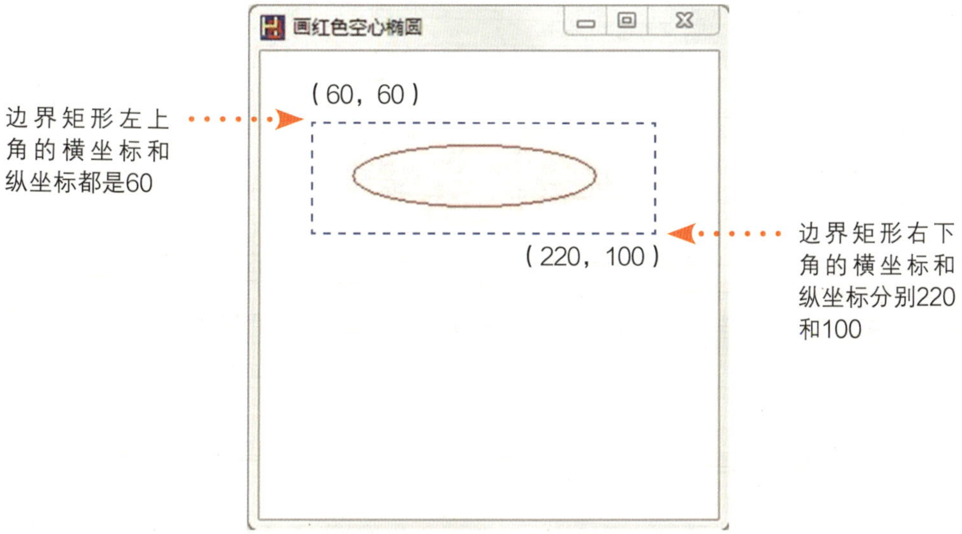

图15.1 红色空心椭圆

3 画红色实心椭圆形

在窗口中画实心椭圆，需要将画刷颜色设置为画笔颜色。

在白色窗口中画一个红色实心椭圆形的程序如下。

```
扩展对象 窗口 继承自 窗口对象模板
属性 窗口标题：编字串"画红色实心椭圆"属性。
属性 开始位置：160 100 属性。
属性 开始尺寸：300 300 属性。
对象事件 绘制时：
0 0 读大小：自本身
白色 区域填充：设备描述表
浅红色 画笔颜色：设备描述表
浅红色 画刷颜色：设备描述表
60 60 220 100 画椭圆：设备描述表
对象事件。
对象。
启动：窗口
```

编译后的程序运行结果如图15.2所示。

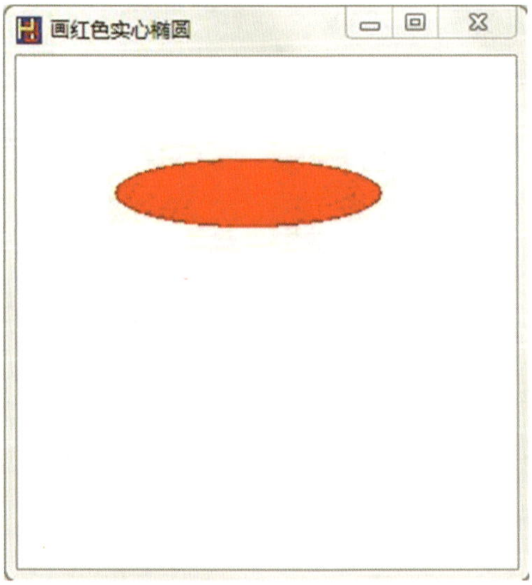

图15.2 红色实心椭圆

让我们开始动动手吧

1．编写一个窗口标题为“七星瓢虫”的黄色窗口，并在窗口中绘制一只可爱的七星瓢虫。将程序保存在自己的文件夹中，文件夹名“七星瓢虫”。程序运行结果如图15.3所示。

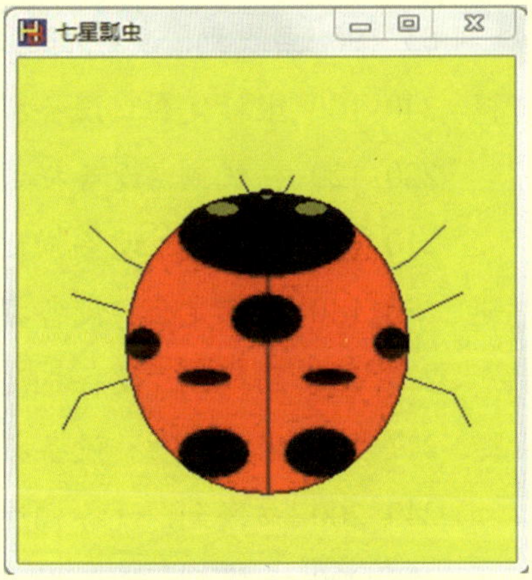

图15.3 七星瓢虫

参考程序：

```
扩展对象 七星瓢虫 继承自 窗口对象模板
属性 窗口标题：编字串" 七星瓢虫" 属性。
属性 开始位置：40 50 属性。
属性 开始尺寸：280 300 属性。
编 画七星瓢虫身体 浅红色 画刷颜色：设备描述表
                  60 80 220 260 画椭圆：设备描述表 。
编 画七星瓢虫头部 黑色 画刷颜色：设备描述表
                  90 80 190 130 画椭圆：设备描述表 。
编 画七星瓢虫左前腿 黑色 画线颜色：设备描述表
                  40 100 坐标定位：设备描述表
                  60 120 画线到：设备描述表
                  70 125 画线到：设备描述表 。
```

```
编 画七星瓢虫左中腿 30 140 坐标定位：设备描述表
                    60 150 画线到：设备描述表 。
编 画七星瓢虫左后腿 25 220 坐标定位：设备描述表
                    35 200 画线到：设备描述表
                    63 190 画线到：设备描述表 。
编 画七星瓢虫右前腿 240 100 坐标定位：设备描述表
                    220 120 画线到：设备描述表
                    210 126 画线到：设备描述表 。
编 画七星瓢虫右中腿 250 140 坐标定位：设备描述表
                    220 155 画线到：设备描述表 。
编 画七星瓢虫右后腿 217 190 坐标定位：设备描述表
                    245 200 画线到：设备描述表
                    255 220 画线到：设备描述表 。
编 画七星瓢虫胡须   125 70 坐标定位：设备描述表
                    130 80 画线到：设备描述表
                    155 70 坐标定位：设备描述表
                    150 80 画线到：设备描述表 。
编 画七星瓢虫眼睛和嘴 黑色 画刷颜色：设备描述表
                    140 80 坐标定位：设备描述表
                    140 260 画线到：设备描述表
                    黄色 画刷颜色：设备描述表
                    105 85 125 95 画椭圆：设备描述表
                    155 95 175 85 画椭圆：设备描述表
                    136 80 144 85 画椭圆：设备描述表 。
```

```
编 画七星瓢虫身上斑点 黑色 画刷颜色: 设备描述表
                    120 140 160 170 画椭圆: 设备描述表
                    60 160 80 180 画椭圆: 设备描述表
                    220 160 200 180 画椭圆: 设备描述表
                    90 185 120 195 画椭圆: 设备描述表
                    160 195 190 185 画椭圆: 设备描述表
                    90 220 130 250 画椭圆: 设备描述表
                    150 250 190 220 画椭圆: 设备描述表
                    136 78 144 82 画椭圆: 设备描述表 。
对象事件 绘制时: 0 0 读大小: 自本身  浅黄色 区域填充: 设备描述表
                    画七星瓢虫身体 画七星瓢虫头部
                    画七星瓢虫左前腿 画七星瓢虫左中腿
                    画七星瓢虫左后腿 画七星瓢虫右前腿
                    画七星瓢虫右中腿 画七星瓢虫右后腿
                    画七星瓢虫胡须 画七星瓢虫眼睛和嘴
                    画七星瓢虫身上斑点
对象事件。
对象。
启动: 七星瓢虫
```

2．编写一个窗口标题为“红灯笼”的白色窗口，并在窗口中绘制红灯笼。将程序保存在自己的文件夹中，文件夹名“红灯笼”。程序运行结果如图15.4所示。

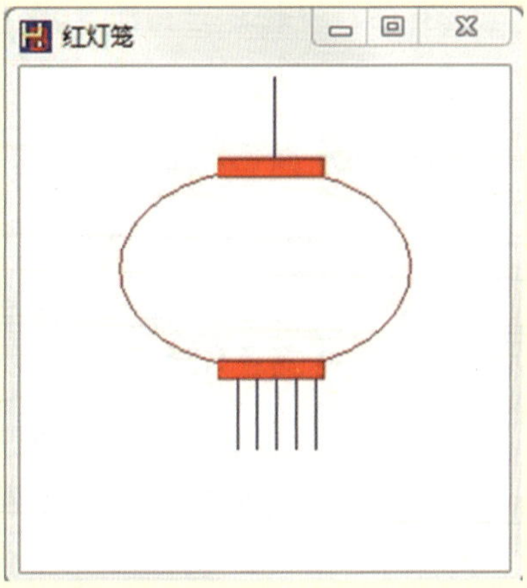

图15.4　红灯笼

参考程序：

```
扩展对象 窗口 继承自 窗口对象模板
属性 窗口标题: 编字串" 红灯笼" 属性。
属性 开始尺寸: 250 250 属性。
对象事件 绘制时:
0 0 读大小: 自本身
白色 区域填充: 设备描述表
浅红色 画笔颜色: 设备描述表
50 50 200 150 150 90 200 70 画圆弧: 设备描述表
浅红色 100 45 155 55 实心矩形: 设备描述表
浅红色 100 145 155 155 实心矩形: 设备描述表
蓝色 画线颜色: 设备描述表
129 5 坐标定位: 设备描述表
129 45 画线到: 设备描述表
蓝色 画线颜色: 设备描述表
110 154 坐标定位: 设备描述表
110 190 画线到: 设备描述表
蓝色 画线颜色: 设备描述表
120 154 坐标定位: 设备描述表
120 190 画线到: 设备描述表
蓝色 画线颜色: 设备描述表
130 154 坐标定位: 设备描述表
130 190 画线到: 设备描述表
蓝色 画线颜色: 设备描述表
130 154 坐标定位: 设备描述表
130 190 画线到: 设备描述表
```

蓝色 画线颜色: 设备描述表
140 154 坐标定位: 设备描述表
140 190 画线到: 设备描述表
蓝色 画线颜色: 设备描述表
150 154 坐标定位: 设备描述表
150 190 画线到: 设备描述表
对象事件。
对象。
启动: 窗口

第16课

显示文字

用汉语编程还可以在窗口中“画”文字，“画”上去的文字是不能执行“复制”“剪切”“删除”等操作的。

1. 编写在窗口中显示文本的程序
2. 改变文本的字体
3. 改变文本的大小

1 在窗口中显示默认的字体

在窗口中显示的文本的默认字体是“宋体”，颜色为黑色。

如果在窗口中显示文本为宋体，只需要在“对象事件”前面添加下面的语句：

<颜色> 置文本颜色：设备描述表。

X1 Y1 字串" <显示的文本内容> " 文本输出：设备描述表。

其中：

<颜色> 置文本颜色：指的是在窗口中显示文本的颜色。

X1定位文本左顶点的横坐标，Y1定位文本左顶点的纵坐标。

<显示的文本内容>：指定显示出来的文字。

参考程序1

在白色窗口中显示红色的文本“五环谣”：

```
扩展对象 窗口 继承自 窗口对象模板
属性 开始尺寸: 400 300 属性。
属性 窗口标题: 编字串" 五环谣" 属性。
对象事件 绘制时: 0 0 读大小: 自本身
白色 区域填充: 设备描述表
浅红色 置文本颜色: 设备描述表
185 50 字串" 五环谣" 文本输出: 设备描述表
对象事件。
对象。
启动: 窗口
```

程序运行结果如图16.1所示。

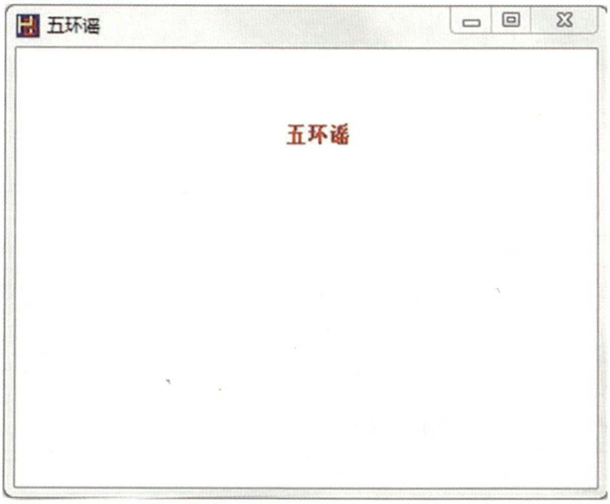

图16.1 在窗口中显示宋体字“五环谣”

2 改变文本的字体

如果在窗口中显示的文本不是宋体，则需要添加下面的语句：

```
字体对象 <字体对象名>
对象事件 重建字体:
字串" <选择的字体名>" 置字样名: <字体对象名>
创建: <字体对象名>
句柄: <字体对象名>
设置字体: 设备描述表
对象事件。
对象事件 绘制时:
重建字体: 自本身
X1 Y1 字串" <显示的文本内容> " 文本输出: 设备描述表
对象事件。
```

其中：

<选择的字体名>：所选择的字体。

可以从“写字板”程序中查看当前Windows下安装有哪些字体。

参考程序2

将参考程序1中文本的字体设置为楷体：

```
扩展对象 窗口 继承自 窗口对象模板
属性 开始尺寸: 400 300 属性。
属性 窗口标题: 编字串" 五环谣" 属性。
```

```
字体对象 五环谣的字体
对象事件 重建字体:
字串" 楷体_GB2312" 置字样名: 五环谣的字体
创建: 五环谣的字体
句柄: 五环谣的字体
设置字体: 设备描述表
对象事件。
```

“楷体_GB2312”

```
对象事件 绘制时:
0 0 读大小: 自本身
白色 区域填充: 设备描述表
浅红色 置文本颜色: 设备描述表
重建字体: 自本身
155 50 字串" 五环谣" 文本输出: 设备描述表
对象事件。
对象。
启动: 窗口
```

程序运行结果如图16.2所示。

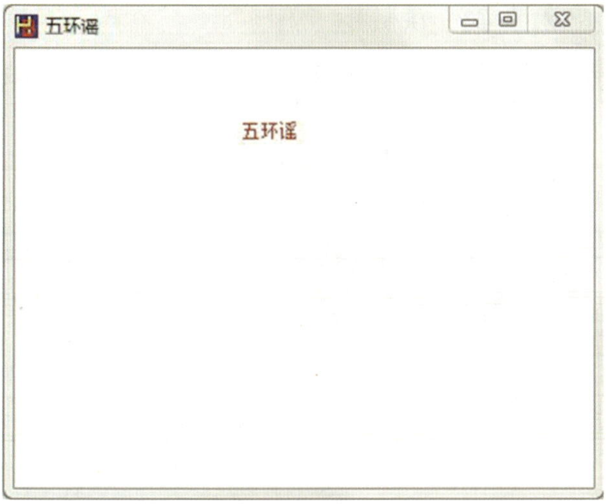

图16.2 在窗口中显示楷体字“五环谣”

3 改变文本的大小

如果要改变窗口中显示文字的大小，只需要在“对象事件。”前面添加下面的语句：

```
<文字的宽度> 宽度：客户字体
<文字的高度> 高度：客户字体
```

参考程序3

将参考程序2中文字的大小改为：宽度为20像素、高度为30像素。

```
扩展对象 窗口 继承自 窗口对象模板
属性 开始尺寸：400 300 属性。
属性 窗口标题：编字串" 五环谣" 属性。
字体对象 五环谣的字体
对象事件 重建字体：
字串" 楷体_GB2312" 置字样名：五环谣的字体
创建：五环谣的字体
句柄：五环谣的字体
设置字体：设备描述表
对象事件。
对象事件 绘制时：
0 0 读大小：自本身
白色区域填充：设备描述表
浅红色 置文本颜色：设备描述表

15 宽度：五环谣的字体
25 高度：五环谣的字体
```

设置文字的宽度和高

```
重建字体: 自本身
155 50 字串" 五环谣" 文本输出: 设备描述表
对象事件。
对象。
启动: 窗口
```

程序运行结果如图16.3所示。

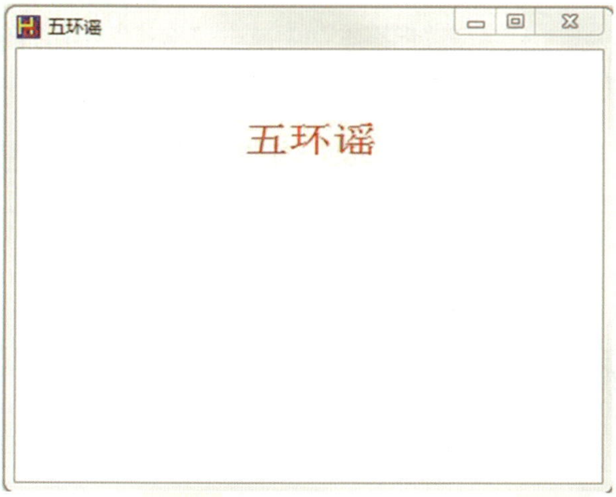

图16.3　改变字体的大小

让我们开始动动手吧

1．编写在白色窗口中显示歌谣“五环谣”的程序，程序编译后运行结果如图16.4所示。

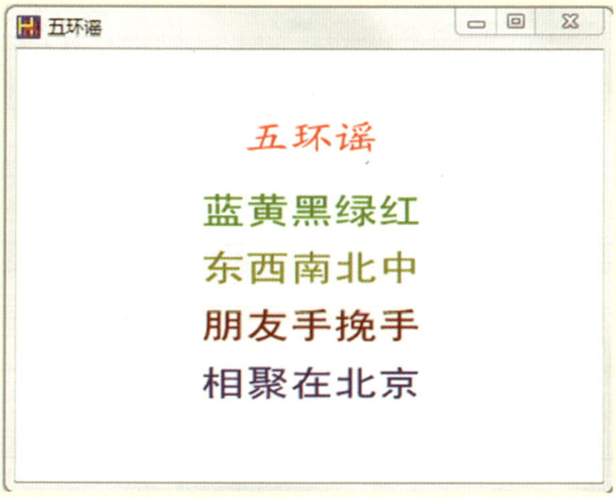

图16.4　五环谣

2. 看看计算机中当前Windows下安装有哪些字体。

具体方法：

（1）在“记事本”中单击“格式”菜单中的“字体”命令，如图16.5 所示。

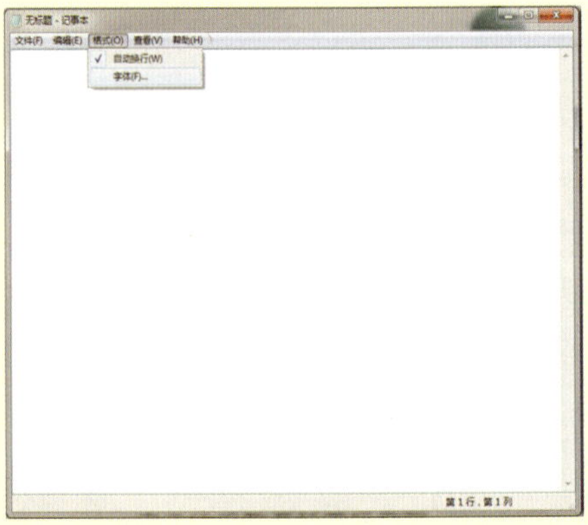

图16.5　选择“字体”命令

（2）在打开的“字体”对话框中，选择某种“字体”及“大小”，即可在“示例”中看到所选字体的形状及大小，如图16.6 所示。

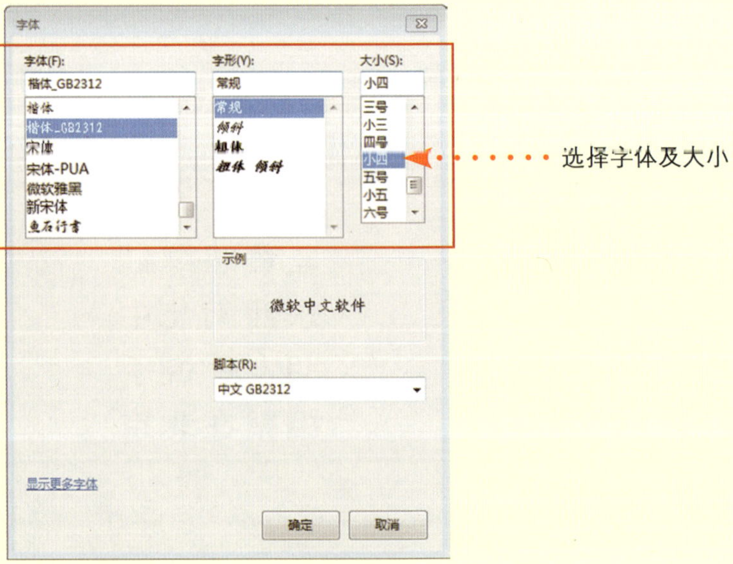

图16.6　选择字体及大小

附　录

中文代码创客教育平台可以搭建“学做一体化”实训室所需的软、硬件环境，构建项目化教学所需的“真实情境”和教学平台，形成中文代码创客创新主题教室，建设满足培养学生电子技术和信息技术基础素养的项目化教学实训室。

中文代码创客教育平台提供汉语编程基础环境，通过操作，激发青少年创新思维，既可以满足低年级学生学习编程的基础知识、基本技能，又可以创设高年级探究性实验和综合课题研究的学习环境，特别是可以满足在校大学生参与全国或省级高职学院职业技能大赛、大学生电子设计竞赛、大学生数学建模竞赛、科技创新项目、毕业设计等各项科技创新项目的需要。

附录一

中文代码创客教育开发平台

1 系统说明

1.1 产品功能概述

利用中文代码汉语编译器开发的中文代码创客教育开发平台，由“中文代码动漫游戏编程软件开发平台，中文代码汉编开源电子硬件控制平台，中文代码汉编++51单片机控制平台”3个平台组成；填补了中国青少年编程教育理论和中国智能教育装备的空白。

主要组成：

- 开发环境
- 动漫游戏模板
- 多媒体教学
- 数据库模板
- 3D模板
- 汉编开源电子硬件控制平台
- 汉编++51单片机控制平台

1.2 产品清单

- 安装程序光盘一张，使用说明书一本
- 实验箱1（中文代码汉编开源电子硬件控制平台）

◆ 实验箱2（中文代码汉编++51单片机控制平台）

1.3　系统安装环境

◆ 硬盘空间：大于20G

1.4　系统运行环境

◆ 操作系统：Windows98/ME/2000/XP系列
◆ CPU：X86
◆ 内存：64MB或以上
◆ 显卡：标准VGA　24位真彩色

2 操作说明

2.1　系统运行

将中文代码创客教育开发平台压缩文件解压缩到D盘，然后打开D盘下的中文代码创客教育开发平台文件夹，双击“中文代码创客教育开发平台.exe ”文件，打开中文代码创客教育开发平台，如下图所示。

2.2 用户操作

单击“开发环境”按钮，进入开发平台后，在界面可以看到平台所集成的编译器和编辑器数据库以及帮助按钮（基础模板库、网络、三维立体库、实例源代码参考库等）。

2.3 中文代码动漫游戏编程软件开发平台

（1）主要功能配置和技术参数。

中文代码动漫游戏应用开发环境（X86结构，Windows系列操作系统）。

（2）课程案例。

动漫游戏开发例程50套。

（3）功能。

完成类似于FLASH动画平台+JAVA平台+SQ数据库等工具的组合，具体如下。

◆界面友好，操作简单，图片属性具有可修改和转换的功能

◆对益智软件开发中的图片的处理完全，能通过数据库对图片进行各种操作

◆对程序中的图片的坐标可以修改其功能

◆对数据库的图片可以进行直接的程序操作和管理

◆对程序进行有效的编译、解释、运行、封装

（4）辅助功能配置和技术参数。

◆CPU：支持同一个源代码未经修改在其他平台下编译生成多CPU运行目标

◆多线程：支持

◆Unicode：支持

◆网络：支持

◆语言复杂度：非常简单

- 学习难度：容易
- IDE支持：自行开发，支持很好
- 基本类型：字节，双字节，4字节，8字节

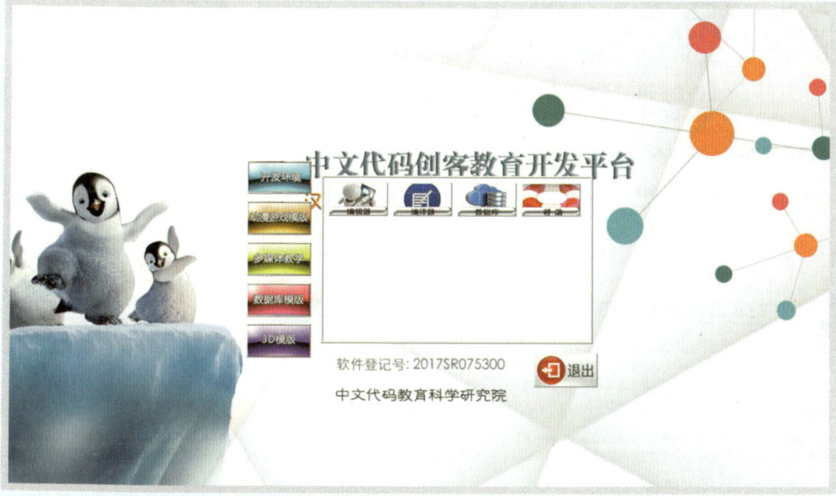

（5）单击“多媒体教学”按钮，可打开如下界面。

单击“开发平台”按钮，可打开“中文代码汉编开源电子硬件控制平台”，界面如下图所示。

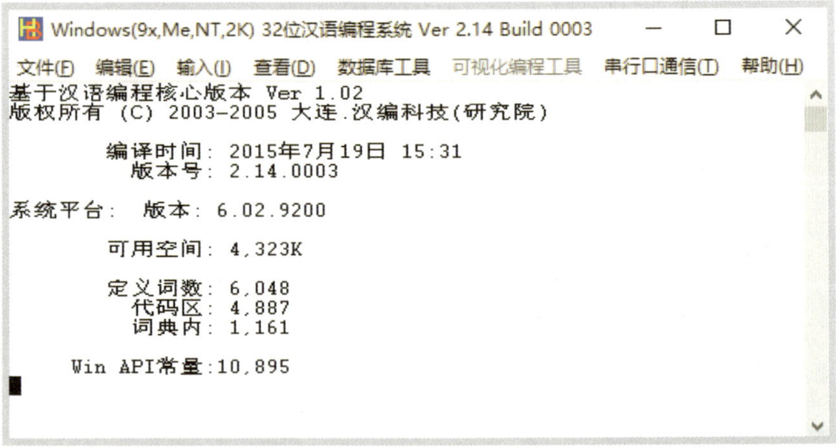

单击“开发平台”按钮，可打开“中文代码汉编++51单片机控制平台”，界面如下图所示。

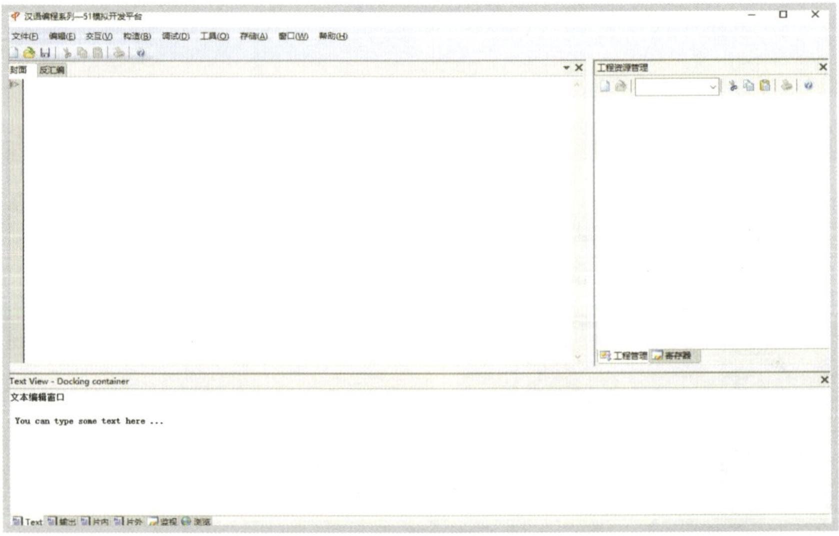

附录二

中文代码创客教育实验箱

实验箱一　中文代码汉编开源电子硬件控制平台

1. 硬件环境

首先我们需要准备一个用于中文代码开源电子硬件控制程序调试的实验箱，里面有供用户程序执行的硬件设备，可满足多种实验需要，实物以装箱单为准。

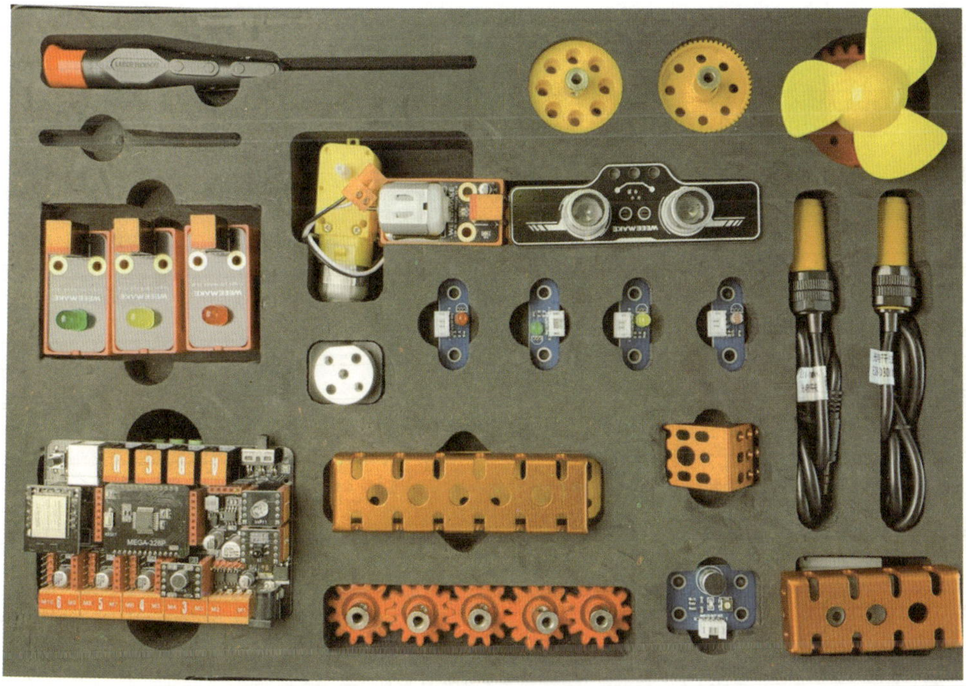

ELF主控板		Φ4电机轴TT电机	
RGB超声波模块V1.0		RJ11连接线20cm（一对）	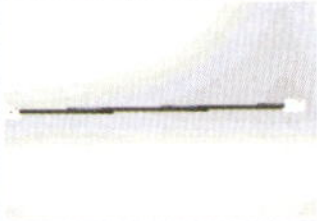
18650锂电池		电池盒	
电池连接线		梁 1030-100	
侧板包		六角头螺钉M4*8	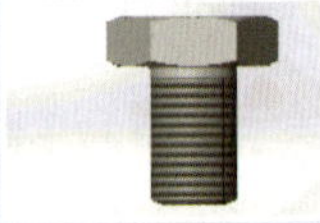
56T注塑多功能齿轮A		56T注塑多功能齿轮A	
56T轮胎		六角螺母M4	
六角头螺钉M4*35	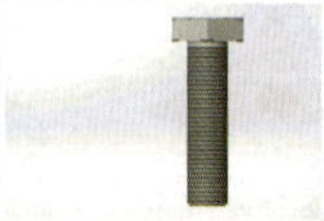	注塑万向轮	

2. 开源硬件控制器

开源硬件是开源思想的继承者。这些硬件的开发者将硬件的资料全部对外公开，包括电路图、固件、软件、元件列表、器件列表以及印刷版图。开源控制器有很多，用户可以根据不同的场景选用不同的控制器。

本实验箱是开源控制器控制的硬件平台，同时能够扩展丰富的外围功能模块，可满足《机器人创客通用教材、教案·幼儿园版、小学版、初中版》1册课程授课。提供的可搭建实物模型与教材配套，既提高了学生的学习兴趣，也降低了老师授课的难度。

3. 软件环境

汉编语言是由中国人自己开发的一套以中文母语为基础的编程语言，在学习机器人编程的过程中不需要记忆大量的英文单词和字母缩写组合，使用“方块”汉字就能够和机器人进行沟通，以及向机器人传递信息。因此同学们很快就能学会“汉语编程”语言并实现相应的机器人功能。

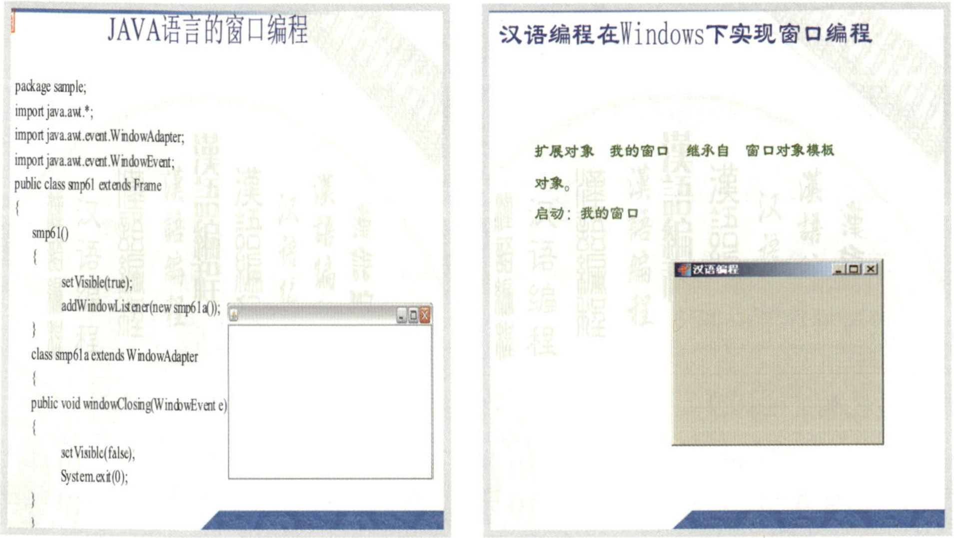

源代码对照图

4. 运行中文代码汉编开源硬件控制平台

将中文代码汉编开源硬件控制平台压缩文件解压缩到D盘，然后打开D盘下的中文代码创客教育开发平台文件夹，双击“中文代码创客教育开发平台.exe”文件，单击中文代码创客教育开发平台中的“多媒体教学”按钮，再单击“开发平台”按钮，打开“中文代码汉编开源电子硬件控制平台”，如下图所示。

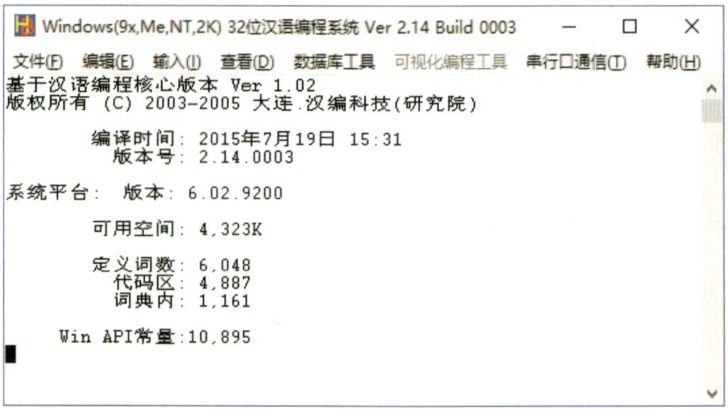

5. 配套机器人教育教材

我们将在“噪声监测仪”的课堂里打开汉编语言的大门；在“安全小卫士”“自动感应门”和“避障小车”的课堂中学习逻辑运算；在“跟随风扇”的课堂上学会选择语句的编写；在“追光者”和“探路者”的课堂中学会如何建立窗口以及为窗口添加更多“装饰”……

6. 案例一：马达的控制（翻滚吧，机器人）

搭建一个让“机器人”可以翻滚起来的模型！

参考程序源码如下。

```
编　翻滚吧机器人
　　4 打开指定串口
　　环首
　　就继续
　　清屏 字串" 翻滚吧机器人程序正在运行 ..." 印字串
　　左马达 255 马达逆时针 马达控制
　　2000 毫秒
　　左马达 255 马达顺时针 马达控制
　　2000 毫秒
　　重复
　　关闭串口
　　清屏 字串" 翻滚吧机器人程序运行结束。" 印字串 。
翻滚吧机器人
```

7. 案例二：自动门（旋转）

现在我们来搭建一个旋转门！

参考程序源码如下。

```
\ 设定通信
口编号4 为
串口号
编 自动旋转门
  \ 打开通信口
  串口号 打开指定串口环首
  真 就继续
      清屏 字串" 自动旋转门程序正在运行 ..." 印字串
      A0 口 读输入传感器数据
      输入口 A0 读数字传感器数据 1 =
    就
        左马达 80 马达顺时针
        马达控制 3000 毫秒
        左马达 0 马达停
        马达控制 200 毫秒
    然后
  重复
  关闭串口
  清屏 字串" 自动旋转门程序运行结束。" 印字串
。
自动旋转门
```

实验箱二 中文代码汉编++8051单片机控制平台

1. 硬件环境

首先我们需要准备一个用于中文代码汉编++8051单片机控制程序调试的实验箱，里面有供用户程序执行的硬件设备，可满足多种实验需要，实物以装箱单为准。

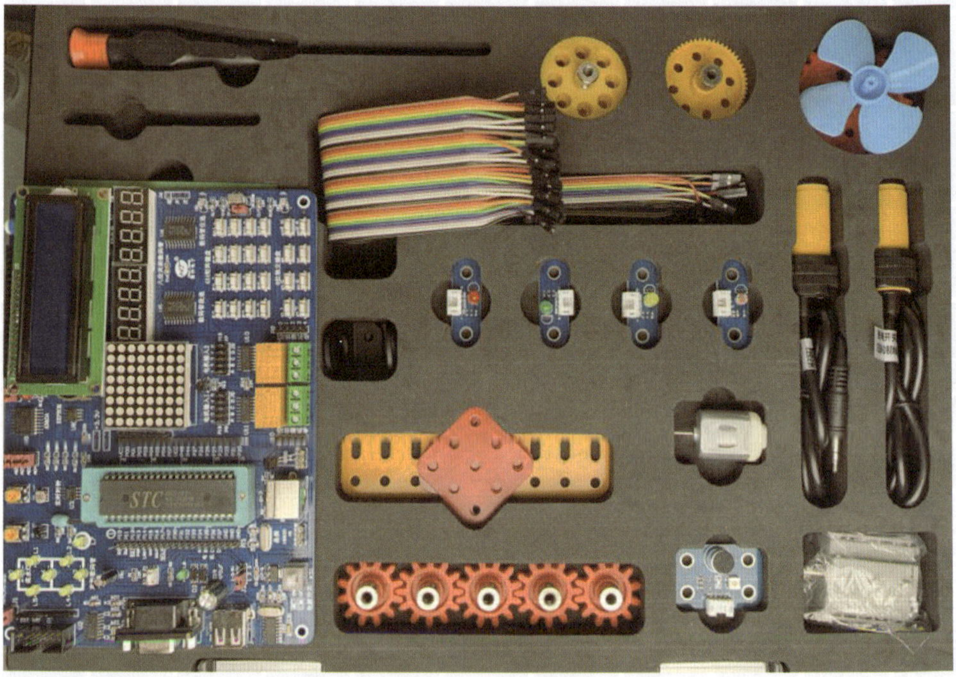

51单片机	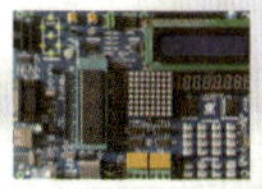	Φ4电机轴TT电机	
RGB超声波模块V1.0		RJ11连接线20cm（一对）	
18650锂电池		电池盒	
电池连接线		梁 1030-100	
侧板包		六角头螺钉M4*8	
56T注塑多功能齿轮A		56T注塑多功能齿轮A	
56T轮胎		六角螺母M4	
六角头螺钉M4*35		注塑万向轮	

2. 51单片机

51单片机是对所有兼容Intel 8031指令系统的单片机的统称。该系列单片机的始祖是Intel的8004单片机，是应用最广泛的8位单片机之一，多用于工业测控系统之中。需要注意的是51系列的单片机一般不具备自编程能力。

本实验箱是51单片机控制的硬件平台，同时能够扩展丰富的外围功能模块，可满足《机器人创客通用教材、教案·初中版、高中版、中高职版》1册课程授课。提供的可搭建实物模型与教材配套，既提高了学生的学习兴趣，也降低了老师授课的难度。

3. 软件环境

汉编++语言是具有C++功能的中文代码编程语言，可以作为进阶学习C++语言的工具，通过对照学习接轨C++语言，可以混合编程。

C语言的Led灯控制编程源代码

```
intledPin = 13
void setup()  {
pinmode(ledpin,output);
}
Void loop()
{
digitalwrite(ledpin,high);
 delay(1000);
digitalwrite(ledpin,low);
 delay(1000);
   }
```

机器人（车）灯控制实例

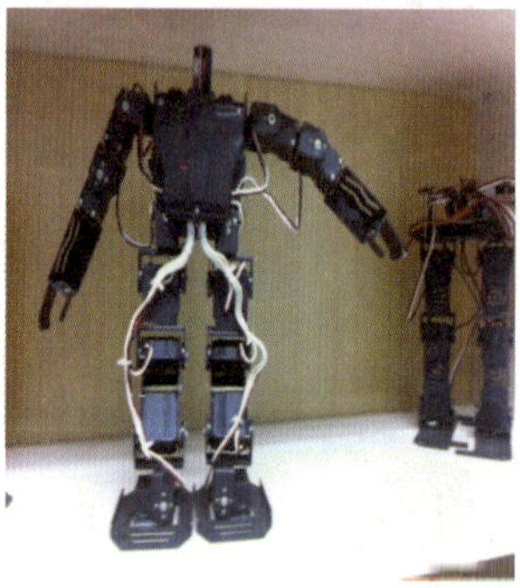

汉编++的Led灯控制编程（8051完全版）源代码

```
对象: led灯引脚 <双字节>
编: 初始设置()
led灯引脚=13
设置(led灯引脚,用于输出)
:编 。
编: 启动()
初始设置()
环首
led开或关(led灯引脚,高)
延时(1000)
led开或关(led灯引脚,低)
延时(1000)
满足(1)就出来
:编 。
```

4. 运行中文代码汉编++51单片机控制平台

将中文代码汉编++51单片机控制平台压缩文件解压缩到D盘，然后打开D盘下的中文代码创客教育开发平台文件夹，双击“中文代码创客教育开发平台.exe”文件，单击中文代码创客教育开发平台中的“多媒体教学”按钮，单击“开发平台”按钮，打开“中文代码汉编++51单片机控制平台”，如下图所示。

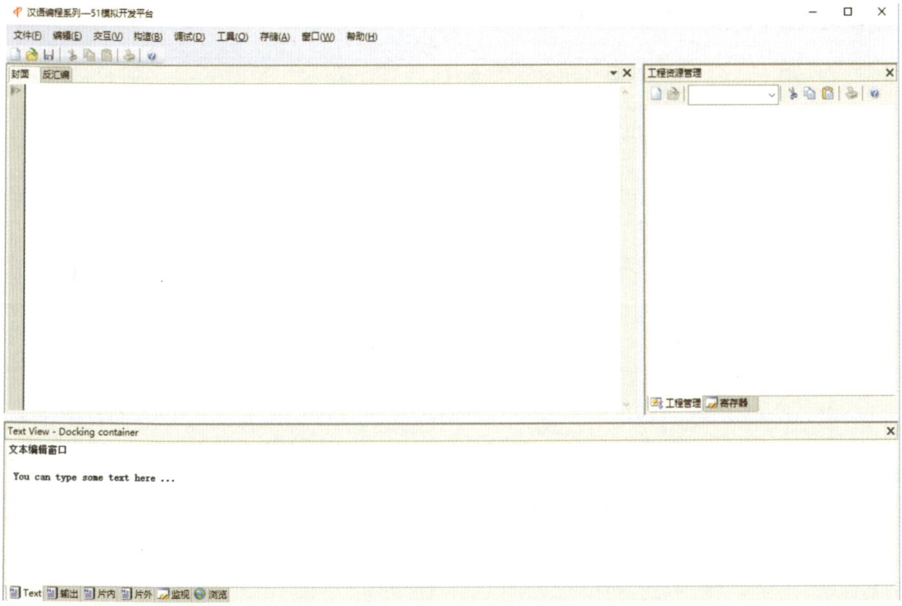

下载后的中文代码汉编++51单片机创客产品可离线独立运行。

5. 配套机器人教育教材

我们将在“噪声监测仪”的课堂里打开汉编++语言的大门；在“安全小卫士”“自动感应门”和“避障小车”的课堂中学习逻辑运算；在“跟随风扇”的课堂上学会选择语句的编写；在“追光者”和“探路者”的课堂中学会如何建立窗口以及为窗口添加更多“装饰”……

6. 案例一：马达的控制（翻滚吧，机器人）

搭建一个让“机器人”可以翻滚起来的模型！

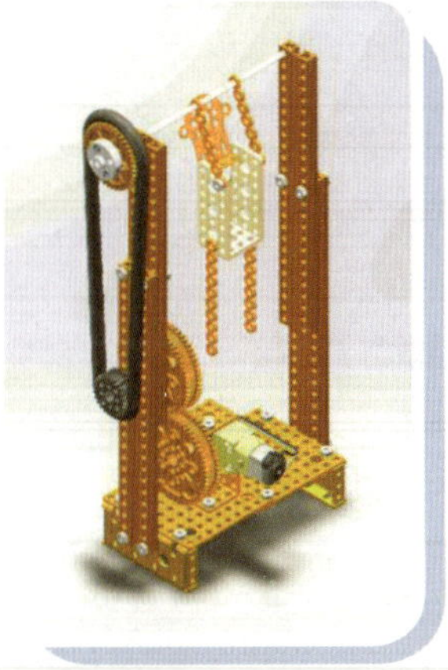

参考程序源码如下。

```
装载：init.ocp

启动：进入()
对象：马达输入1        (0x90)<位>
对象：马达输入2         (0x91)<位>

编造：开 0
编造：关 1

编：马达正转()
   马达输入1=开
   马达输入2=关
:编。
编：马达反转()
   马达输入1=关
   马达输入2=开
:编。
   满足(1) 就继续
      马达正转()
      延时(200)
      马达反转()
      延时(200)
   往复
:启动。
```

7. 案例二：自动门（旋转）

现在我们来搭建一个旋转门！

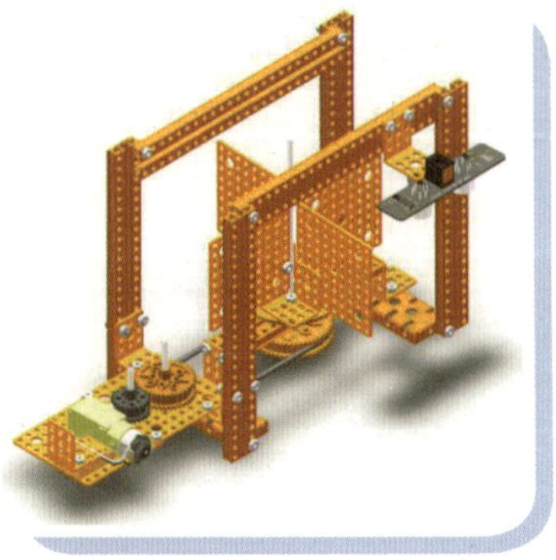

参考程序源码如下。

```
装载: init.ocp

启动: 进入()
对象: 马达输入1      (0 × 90)<位>
对象: 马达输入2      (0 × 91)<位>

编造: 开 0
编造: 关 1

编: 马达正转()
   马达输入1=开
   马达输入2=关
:编。
编: 马达反转()
   马达输入1=关
   马达输入2=开
:编。
   满足(1) 就继续
      马达正转()
      延时(200)
      马达反转()
      延时(200)
   往复
:启动。
```

图书在版编目（CIP）数据

中文代码汉语编程. 第一册 / 曾京，胡月军，沈志斌著. --北京：中国人民大学出版社，2020.1

ISBN 978-7-300-27439-3

Ⅰ.①中… Ⅱ.①曾… ②胡… ③沈… Ⅲ.①汉语－程序语言－程序设计 Ⅳ.①TP312

中国版本图书馆CIP数据核字（2019）第202317号

教育部国家级课题《利用中文母语编程》指导用书
创客教育实验教材

中文代码汉语编程（第一册）
曾 京 胡月军 沈志斌 著
Zhongwen Daima Hanyu Biancheng（Diyice）

出版发行	中国人民大学出版社		
社　　址	北京中关村大街31号	**邮政编码**	100080
电　　话	010-62511242（总编室）		010-62511770（质管部）
	010-82501766（邮购部）		010-62514148（门市部）
	010-62515195（发行公司）		010-62515275（盗版举报）
网　　址	http：//www. crup. com. cn		
	http：//www. ttrnet. com（人大教研网）		
经　　销	新华书店		
印　　刷	北京瑞禾彩色印刷有限公司		
规　　格	185mm×260mm 16开本	版　　次	2020年1月第1版
印　　张	8.25	印　　次	2020年1月第1次印刷
字　　数	105 000	定　　价	32.00元